面向"十三五"高职高专规划教材

# HTML+CSS 网页设计教程

主 编 唐永芬
副主编 秦虎锋 王 斌

清华大学出版社
北京交通大学出版社
·北京·

## 内 容 简 介

本书编者根据多年的教学经验,理论与实际相结合系统地讲述了如何利用 HTML+CSS 技术控制文字、图片、表格、背景及导航菜单等网页元素的方法。通过大量实例对 CSS 进行深入浅出的分析,着重讲解如何用 HTML+CSS 进行网页布局,实例的可操作性极强,难度适中,使读者在学习 CSS 应用技术的同时,掌握 HTML+CSS 的精髓。本书的最后给出了常见商业类型完整网页的综合实例,让读者进一步巩固所学到的知识,提高综合应用的能力。

本书理论部分内容翔实,实例部分循序渐进,并注重章节之间的呼应对照。本书适合作为高职高专院校计算机专业教材,也可以作为网页设计者与爱好者的参考用书。

本书封面贴有清华大学出版社防伪标签,无标签者不得销售。
版权所有,侵权必究。侵权举报电话: 010-62782989 13501256678 13801310933

图书在版编目(CIP)数据

HTML+CSS 网页设计教程 / 唐永芬主编. 一北京:北京交通大学出版社:清华大学出版社,2020.3(2023.2 重印)

ISBN 978-7-5121-4147-6

Ⅰ. ①H… Ⅱ. ①唐… Ⅲ. ①超文本标记语言-程序设计-教材 ②网页制作工具-教材 Ⅳ. ①TP312 ②TP393.092

中国版本图书馆 CIP 数据核字(2019)第 301552 号

**HTML+CSS 网页设计教程**
HTML+CSS WANGYE SHEJI JIAOCHENG

责任编辑:谭文芳
出版发行:清华大学出版社　邮编:100084　电话:010-62776969　http://www.tup.com.cn
　　　　　北京交通大学出版社　邮编:100044　电话:010-51686414　http://www.bjtup.com.cn
印　刷　者:北京时代华都印刷有限公司
经　　　销:全国新华书店
开　　　本:185 mm×260 mm　印张:17.25　字数:441 千字
版 印 次:2020 年 3 月第 1 版　2023 年 2 月第 4 次印刷
印　　　数:5 501~6 500 册　定价:46.00 元

本书如有质量问题,请向北京交通大学出版社质监组反映。对您的意见和批评,我们表示欢迎和感谢。
投诉电话:010-51686043,51686008;传真:010-62225406;E-mail:press@bjtu.edu.cn。

# 前　言

随着互联网应用规模的进一步扩大,各种网站应用越来越普及,HTML+CSS 的网页设计模式仍有比较广泛的应用。使用 HTML 搭建框架,使用 CSS 定制、改善网页的显示效果,是一种成熟的网页设计的标准化模式,所以学习运用 HTML+CSS 的设计模式就成了网页设计制作人员的必修课。

● 本书特色

本书从实用的角度出发,考虑初学者实际学习的需要,配合大量实例系统地讲解了 CSS 层叠样式表技术在网页设计中各个方面应用的知识。本书采用"理论+实践"的教学模式,由浅入深,引导读者掌握 HTML+CSS 网页设计的专业技能。

● 本书的结构

全书共 13 章,内容安排如下:

第 1 章　介绍 HTML 的基本概念及一些简单的应用;
第 2 章　介绍 HTML 的一些基础标记及利用 HTML 制作网页的方法;
第 3 章　介绍 CSS 的基础知识和语法;
第 4 章　介绍 CSS 设置文字效果的方法;
第 5 章　介绍 CSS 设置图片风格样式的方法;
第 6 章　介绍 CSS 设置背景的方法;
第 7 章　介绍 CSS 设置边框的方法;
第 8 章　介绍表单的应用方法;
第 9 章　介绍项目列表和导航菜单的制作方法;
第 10 章　介绍网页中超链接和鼠标的 CSS 效果的设置方法;
第 11 章　介绍使用 DIV+CSS 进行页面布局的方法;
第 12 章　介绍综合实例——旅游景区网站的制作方法;
第 13 章　介绍综合实例——儿童用品网上商店的制作方法;
第 14 章　介绍综合实例——个人博客的制作方法。

● 获取源代码与素材

本书所有讲解实例的源代码和素材文件可以通过右边的二维码从百度云盘下载。

● 版权声明

本书采用的创意、图片、文字等均为所属公司或个人所有,本书引用仅为说明(教学)之用,绝无侵权之意,特此声明。

本书由唐永芬任主编。唐永芬负责编写第9章、第10章、第11章、第12章、第13章，秦虎锋负责编写第1章、第2章、第4章、第5章、第8章，王斌负责编写第3章、第6章、第7章、第14章。另外，滕敏、李千、吴成洲也参加了本书部分内容的编写。

由于成稿时间比较仓促，加之作者水平有限，不足之处在所难免，恳请广大读者批评指正。

作者

2020年1月

# 目　　录

第1章　HTML 入门 ··········································································································1
 1.1　HTML 简介 ·········································································································1
  1.1.1　用 HTML 建立第一个网页 ·······································································1
  1.1.2　HTML 文件结构 ·······················································································2
  1.1.3　HTML 与 XHTML ···················································································2
 1.2　HTML 的简单应用 ·····························································································4
 习题 ·······························································································································6
第2章　利用 HTML 制作网页 ·····························································································7
 2.1　用 HTML 设置文本和图像 ················································································7
  2.1.1　文本排版 ·····································································································7
  2.1.2　设置文字列表 ··························································································12
  2.1.3　HTML 标记及属性 ·················································································16
  2.1.4　在网页中使用图像 ··················································································19
 2.2　用 HTML 建立超链接 ······················································································21
 2.3　用 HTML 创建表格 ··························································································25
  2.3.1　表格的基本结构 ······················································································26
  2.3.2　合并单元格 ······························································································27
  2.3.3　设置对齐方式 ··························································································31
  2.3.4　设置表格背景和边框颜色 ······································································33
  2.3.5　表格单元格边线间的距离 ······································································34
  2.3.6　设置表格标题 ··························································································35
  2.3.7　完整的表格标记 ······················································································36
 2.4　应用实例 ············································································································37
  2.4.1　设计分析 ··································································································37
  2.4.2　制作步骤 ··································································································38
 习题 ·····························································································································40
第3章　CSS 基础 ················································································································41
 3.1　CSS 概述 ···········································································································41
  3.1.1　CSS 的定义 ·····························································································41
  3.1.2　CSS 的基本语法 ·····················································································43
 3.2　基本 CSS 选择器 ······························································································44
  3.2.1　标记选择器 ······························································································44
  3.2.2　类别选择器 ······························································································45

3.2.3 ID 选择器 ... 47
3.3 选择器的声明 ... 49
  3.3.1 分组 ... 49
  3.3.2 嵌套 ... 50
3.4 CSS 调用 ... 51
  3.4.1 行内样式表 ... 51
  3.4.2 内嵌式样式表 ... 52
  3.4.3 链接式样式表 ... 53
  3.4.4 导入样式表 ... 55
3.5 应用实例——为页面添加 CSS 样式 ... 56
  3.5.1 设计分析 ... 56
  3.5.2 制作步骤 ... 57
习题 ... 58

# 第 4 章 文字效果 ... 59
4.1 文字的基本样式 ... 59
  4.1.1 字体样式 ... 59
  4.1.2 字体颜色 ... 60
  4.1.3 字体大小 ... 62
  4.1.4 字体加粗 ... 65
  4.1.5 字体倾斜 ... 66
  4.1.6 字体下划线、顶划线、删除线 ... 67
  4.1.7 英文字母大小写转换 ... 68
4.2 文本效果 ... 69
  4.2.1 行距 ... 69
  4.2.2 文字与单词间距 ... 71
  4.2.3 首行缩进 ... 73
  4.2.4 水平对齐方式 ... 74
  4.2.5 垂直对齐方式 ... 75
  4.2.6 首字下沉 ... 77
4.3 应用实例 ... 78
  4.3.1 设计分析 ... 79
  4.3.2 制作步骤 ... 80
习题 ... 81

# 第 5 章 图片效果 ... 82
5.1 图片样式 ... 82
  5.1.1 图片边框设置 ... 82
  5.1.2 图片缩放设置 ... 86
5.2 图片对齐 ... 87
  5.2.1 水平对齐设置 ... 88

5.2.2　垂直对齐设置 ··········· 88
　5.3　图文混排 ························ 90
　　　5.3.1　文本混排 ··············· 90
　　　5.3.2　设置混排间距 ········· 92
　5.4　应用实例 ························ 92
　　　5.4.1　设计分析 ··············· 93
　　　5.4.2　制作步骤 ··············· 96
　习题 ·································· 98

## 第6章　背景效果 ···················· 99
　6.1　背景颜色 ························ 99
　　　6.1.1　设置页面背景颜色 ··· 99
　　　6.1.2　页面分块设置背景色 ·· 100
　6.2　背景图片 ······················ 102
　　　6.2.1　为页面设置背景图片 ·· 102
　　　6.2.2　背景图片的重复 ···· 103
　　　6.2.3　设置背景图片的位置 ·· 105
　　　6.2.4　设置背景关联 ······· 109
　6.3　应用实例 ······················ 111
　　　6.3.1　设计分析 ············· 112
　　　6.3.2　制作步骤 ············· 113
　习题 ································· 114

## 第7章　边框设计 ·················· 115
　7.1　边框的定义 ··················· 115
　　　7.1.1　边框样式 ············· 115
　　　7.1.2　边框的颜色 ·········· 118
　　　7.1.3　边框宽度 ············· 119
　　　7.1.4　边框综合属性 ······· 121
　7.2　表格边框 ······················ 123
　7.3　应用实例 ······················ 125
　　　7.3.1　设计分析 ············· 126
　　　7.3.2　制作步骤 ············· 126
　习题 ································· 129

## 第8章　表单的应用 ··············· 130
　8.1　表单概述 ······················ 130
　8.2　创建表单 ······················ 130
　8.3　input 控件 ····················· 132
　　　8.3.1　input 控件的 type 属性 ··· 133
　　　8.3.2　input 控件的其他属性 ··· 134
　8.4　其他表单控件 ················ 136

## 第 9 章 制作实用的菜单 148

- 8.4.1 textarea 控件 136
- 8.4.2 select 控件 138
- 8.4.3 datalist 控件 139
- 8.5 CSS 控制表单样式 140
- 8.6 应用实例 143
  - 8.6.1 设计分析 144
  - 8.6.2 制作步骤 144
- 习题 147

### 第 9 章 制作实用的菜单 148
- 9.1 关于 ul 和 li 的样式详解 148
  - 9.1.1 使用 list-style-type 属性 148
  - 9.1.2 使用 list-style-position 属性 149
  - 9.1.3 使用 list-style-image 属性 151
  - 9.1.4 list-style 属性 152
- 9.2 纵向导航菜单的制作 153
  - 9.2.1 菜单制作步骤 153
  - 9.2.2 制作菜单内容和结构部分 154
  - 9.2.3 CSS 代码编写 155
- 9.3 应用实例 158
  - 9.3.1 设计分析 158
  - 9.3.2 制作步骤 160
- 习题 161

### 第 10 章 使用 CSS 美化浏览器效果 162
- 10.1 使用 CSS 控制超链接 162
- 10.2 按钮式超链接 165
- 10.3 浮雕式超链接 168
- 10.4 鼠标特效 170
- 10.5 应用实例 173
  - 10.5.1 设计分析 174
  - 10.5.2 制作步骤 175
- 习题 178

### 第 11 章 DIV+CSS 布局 179
- 11.1 初识 DIV+CSS 布局的流程 179
- 11.2 了解盒模型 181
- 11.3 页面元素的定位 186
  - 11.3.1 CSS 布局方式——浮动 186
  - 11.3.2 CSS 布局方式——绝对定位 191
  - 11.3.3 CSS 布局方式——相对定位 192
- 11.4 应用实例——使用 DIV+CSS 布局页面 193

11.4.1 设计分析 194
11.4.2 制作步骤 195
习题 202

## 第 12 章 旅游景区网站 203
### 12.1 案例效果图分析 203
### 12.2 原型设计 204
### 12.3 制作页面头部 204
12.3.1 头部的分析 204
12.3.2 头部 HTML 编码 206
12.3.3 CSS 代码的编写 207
### 12.4 制作页面内容部分 208
12.4.1 内容部分的分析 209
12.4.2 HTML 编码 210
12.4.3 CSS 代码的编写 211
### 12.5 制作页面底部 215
12.5.1 底部的分析 215
12.5.2 底部 HTML 编码 215
12.5.3 CSS 代码的编写 216
习题 217

## 第 13 章 儿童用品网上商店 218
### 13.1 案例效果图分析 218
### 13.2 原型设计与布局规划 219
### 13.3 制作页面头部 220
13.3.1 头部的分析 221
13.3.2 头部 HTML 编码 222
13.3.3 CSS 代码的编写 223
### 13.4 制作页面内容层的图片部分 224
13.4.1 图片部分的分析 224
13.4.2 HTML 编码 225
13.4.3 CSS 代码的编写 227
### 13.5 制作页面内容层的列表部分 230
13.5.1 列表部分的分析 231
13.5.2 HTML 编码 231
13.5.3 CSS 代码的编写 232
### 13.6 制作 sidebar 部分 234
13.6.1 sidebar 部分的分析 234
13.6.2 HTML 编码 235
13.6.3 CSS 代码的编写 236
### 13.7 制作 footer 部分 240

13.7.1 底部 footer 的分析·················240
　　　13.7.2 底部 HTML 编码·················241
　　　13.7.3 CSS 代码的编写·················241
　习题·································242
第 14 章　我的博客······························243
　14.1 案例效果图分析·······················243
　14.2 制作页面头部·························245
　　　14.2.1 头部的分析·····················245
　　　14.2.2 头部#header 的 HTML 编码·········247
　　　14.2.3 #header 的 CSS 代码···············247
　　　14.2.4 头部#banner 的 HTML 编码·········249
　　　14.2.5 #banner 的 CSS 代码···············250
　14.3 制作页面中间部分·····················250
　　　14.3.1 左部#main 部分的分析·············250
　　　14.3.2 HTML 编码·····················250
　　　14.3.3 #main 的 CSS 代码的编写·········253
　　　14.3.4 右侧#sidebar 部分的分析···········256
　　　14.3.5 HTML 编码·····················257
　　　14.3.6 #sidebar 的 CSS 代码的编写·······259
　14.4 制作 footer 部分·······················263
　　　14.4.1 底部 footer 的分析·················263
　　　14.4.2 底部 HTML 编码·················263
　　　14.4.3 CSS 代码的编写·················264
　习题·································265
**参考文献**·······························266

# 第 1 章 HTML 入门

制作网页时遵循的两个最基础的规范是 HTML 和 CSS，它们在网页中起着不同的作用。本书正是围绕这两个规范进行讲解的。首先对 HTML 进行讲解，介绍 HTML 的基本概念及一些简单的应用。此外 DreamWeaver 是目前流行的网页制作软件之一，本书所有 HTML 和 CSS 规范都是在 DreamWeaver 中介绍的。

## 1.1 HTML 简介

HTML 是用来描述网页的一种语言，即超文本标记语言（hyper text markup language）。HTML 不是编程语言，而是一种标记语言（markup language），标记语言是一套标记标签（markup tag），HTML 使用标记标签来描述网页。

HTML 标记标签通常被称为 HTML 标记（HTML tag）。HTML 标记是由尖括号包围的关键词，如<html>；HTML 标记通常是成对出现的，如和；标记对中的第一个标记是开始标记，第二个标记是结束标记；开始标记和结束标记也被称为开放标记和闭合标记。其最基本的语法如下：

&lt;标记&gt;内容&lt;/标记&gt;

例如：<html>与</html>之间的文本描述网页；<body>与</body>之间的文本是可见的页面内容；<h1>与</h1>之间的文本被显示为标题；<p>与</p>之间的文本被显示为段落。

### 1.1.1 用 HTML 建立第一个网页

一个网页就是一个文件，只不过这个文件是利用 HTML 写成的，其扩展名为".htm"或".html"，最早是在记事本中编写的，本书中的文件则全部使用 DreamWeaver 创建。

现在创建第一个 HTML 文件（实例文件：第 1 章\1-1.html）。其效果如图 1-1 所示。

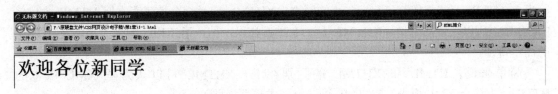

图 1-1 在 IE 浏览器中的效果

操作步骤如下。

【步骤 1】 选择"开始"，然后依次选择"程序"→"Adobe"→"Adobe DreamWeaver CS5"→"新建"→"HTML"命令。

【步骤 2】 在打开的代码窗口中输入如下代码。

```
<!DOCTYPE html PUBLIC "-//W3C//DTD XHTML 1.0 Transitional//EN" "http://www.w3.org/TR/xhtml1/DTD/xhtml1-transitional.dtd">
<html xmlns="http://www.w3.org/1999/xhtml">
<head>
<meta http-equiv="Content-Type" content="text/html; charset=utf-8" />
<title>无标题文档</title>
</head>
<body>
    <b><font size="+5">欢迎各位新同学</font></b>
</body>
</html>
```

【步骤3】 编写完成后保存。

【步骤4】 双击 HTML 文件，在浏览器中观看效果。

## 1.1.2 HTML 文件结构

**1．<html>标记**

<html>标记放在 HTML 文件的开头，并没有实质性的功能，只是一个形式上的标记，让浏览器知道这是 HTML 文件。

**2．<head>标记**

<head>也称为头标记，一般放在<html>标记里，用来申明使用的脚本语言，以及网页传输时使用的方式，特效所使用的脚本语言，定义 CSS 等插在这里。

**3．<title>标记**

<title>称为标题标记，包含在<head>标记内，其作用是定义文件标题，将显示于浏览器顶端的左上角。

**4．<body>标记**

<body>是网页的主要部分，用于放置网页的详细内容，特效也主要插在这里。

## 1.1.3 HTML 与 XHTML

HTML 是一种基本的 Web 网页设计语言，XHTML 是一个基于 XML 的置标语言，看起来与 HTML 有些相像，只有一些小的区别，XHTML 就是一个扮演着类似 HTML 的角色的 XML，所以，本质上说，XHTML 是一个过渡技术，结合了 XML 的强大功能及 HTML 的简单特性。

简单来说，HTML 和 XHTML 的区别在于，XHTML 可以认为是 XML 版本的 HTML，为符合 XML 要求，XHTML 语法上要求更严谨些。

XHTML 与 HTML 的具体区别如下。

（1）XHTML 文件的开始要声明 DTD：

XHTML1.0Transitional//EN" http://www.w3.org/TR/xhtml1/DTD/xhtml1-transitional.dtd

（2）XHTML 元素一定要被正确地嵌套使用。

在 HTML 中，一些元素不正确嵌套也能正常显示，如：

    &lt;b&gt;&lt;i&gt;This text is bold and italic&lt;/b&gt;&lt;/i&gt;

而在 XHTML 中，必须要正确嵌套之后才能正常使用，如：

    &lt;b&gt;&lt;i&gt;This text is bold and italic&lt;/i&gt;&lt;/b&gt;

（3）所有的标记和标记的属性都必须小写，属性值可以大写。

以下是错误代码：

```
<BODY>
<P>This is a paragraph</P>
</BODY>
```

正确格式应为：

```
<body>
<p>This is a paragraph</p>
</body>
```

（4）属性值必须用引号括起来。单引号、双引号均可。

错误的代码：

    &lt;table width=100%&gt;

正确的代码：

    &lt;table width="100%"&gt;

（5）所有的标记都必须被关闭，空标记也不例外。关闭空标记的方法是：XHTML 中的 &lt;br&gt;要写成&lt;br/&gt;。注意，后面加了一个空格" "和一个反斜杠"/"。

（6）如果使用的是 strict.dtd，也就是最严格的 XHTML，那么许多定义外观的属性都将不被允许。例如为图片添加链接的同时想去掉边框。不可以再使用&lt;img src="..."border="0"&gt;，而是必须通过 CSS 来实现。

（7）属性的缩写被禁止。

错误的代码：

```
<dl compact>
<input checked>
<input readonly>
<input disabled>
<option selected>
<frame noresize>
```

正确的代码：

```
<dl compact="compact">
<input checked="checked" />
```

```
<input readonly="readonly" />
<input disabled="disabled" />
<option selected="selected" />
<frame noresize="noresize" />
```

## 1.2 HTML 的简单应用

通过以上的学习，我们已经对 HTML 有了一个基本的认识，下面举几个简单的例子来理解 HTML 的基本原理，这对于以后深入学习 HTML 标记有很大的帮助。

【例 1-1】 设置标题（第 1 章\1-2.html），其效果如图 1-2 所示。

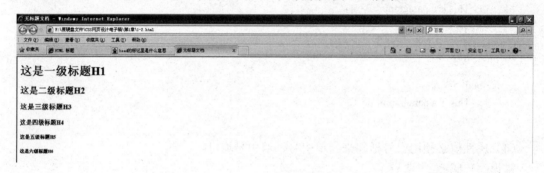

图 1-2 标题标记

说明：

标题（Heading）是通过<h1>～<h6>等标记进行定义的。<h1>定义最大的标题，<h6>定义最小的标题。

应当只将 HTML heading 标记用于标题部分。不要仅仅是为了产生粗体或大号的文本而使用标题。搜索引擎使用标题为网页的结构和内容编制索引。因为用户可以通过标题来快速浏览网页，所以用标题来呈现文档结构是很重要的。

应该将 h1 用作主标题（最重要的），其后是 h2（次重要的），再其次是 h3，以此类推。

HTML 代码如下：

```
<html>
<head>
<title>标题</title>
</head>
<body>
    <h1>这是一级标题 H1</h1>
    <h2>这是二级标题 H2</h2>
    <h3>这是三级标题 H3</h3>
    <h4>这是四级标题 H4</h4>
    <h5>这是五级标题 H5</h5>
    <h6>这是六级标题 H6</h6>
</body></html>
```

【例 1-2】 设置文字效果（第 1 章\1-3.html）。其效果如图 1-3 所示。

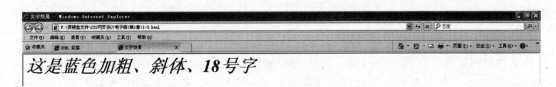

图 1-3　文字效果

**说明：**

&lt;font color=# &gt;&lt;/font&gt;标记可以用来控制文字颜色，#代表颜色的英文名称，在 font 的后面还有一个单词 Color，它是 font 标记的"属性"，用于设置标记的某些附属性质。如 Color 属性用来设置文字的颜色属性。常用的颜色名称有 blue（蓝）、red（红）、white（白）、yellow（黄）、purple（紫）、green（绿）、silver（浅灰）、gray（灰）、black（黑）等。当然还可以用 16 进制数来表示。如红色用"#FF0000"表示，绿色用"#00FF00"表示，蓝色用"#0000FF"表示。

&lt;font size=#&gt;&lt;/font&gt;标记可以用来控制文字大小，#代表字号，如把文字设置成 18 号字，即&lt;font size=18&gt;&lt;/font&gt;。

&lt;b&gt;&lt;/b&gt;标记的作用是使其中的文字加粗。

&lt;i&gt;&lt;/i&gt;标记的作用是使其中的文字为斜体。

代码如下：

```
<html>
<head>
<title>文字效果</title>
</head><body>
    <b>
        <i>
            <font color=blue size=18>
            这是蓝色加粗、斜体、18 号字
            </font>
        </i>    </b>
</body></html>
```

【例 1-3】　插入图片（第 1 章\1-4.html）。其效果如图 1-4 所示。

图 1-4　插入图片

**说明：**

图片插入的 HTML 标记是<img>，它有一个 src 属性，用于指明图像文件的位置，如果图片文件和网页文件在同一个目录，可将 src 属性直接设置成图片文件名，如：<img src="banana.jpg" />；如果图片文件和网页文件不在同一个目录，则需要给出该图片文件的完整路径。

图片和文字都是居中，要用<center></center>标记。

文字另起一段，要用<p></p>标记。

代码如下：

```html
<html>
  <head>
    <title>插入图片</title>
  </head>
  <body>
    <center>
      <img src="banana.jpg" />
      <font size="12">
      <p>香蕉图片，网页也可以图文并茂</p>
      </font>
    </center>
  </body>
</html>
```

## 习题

1. 简述四种基本标记的作用。
2. 用 HTML 建立一个简单的网页显示一行文字。

# 第 2 章  利用 HTML 制作网页

在网页的设计制作中，可以通过 HTML 标记和属性来编排页面内容及控制显示方式，使网页看上去更加整齐、美观。

## 2.1 用 HTML 设置文本和图像

文字和图像在网页中可以起到传递信息、导航和交互等作用。本节介绍 HTML 设置文本和图像的方法。

### 2.1.1 文本排版

在网页中对文字段落进行排版，并不像 Word 那么容易，要通过 HTML 标记来完成。首先来看几个简单例子。

【例 2-1】 设置段落与换行（第 2 章\2-1.html）。其效果如图 2-1 所示。

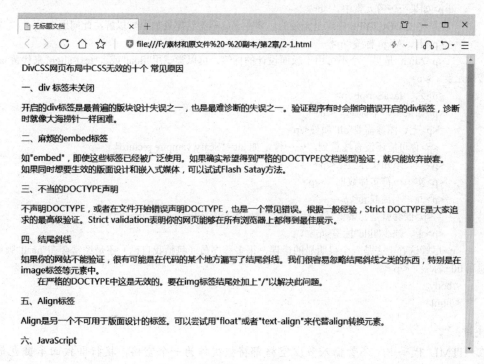

图 2-1  段落与换行

说明：

在以上实例中，有多个段落，还有段内的强制换行，要用到以下两个标记。

(1) 段落标记<p></p>,用来定义一段文本,文本在一个段落中会自动换行。如:

  <p>This is a paragraph</p>。

(2) 换行标记<br>,这是一个单独使用的标记,作用是将文字在一个段内强制换行。
HTML 代码如下:

```
<html >
<head>
<title>段落与换行</title>
</head>
<body>
 <p>DivCSS 网页布局中 CSS 无效的十个常见原因</p>
  <p>一、div 标签未关闭</p>
  <p>开启的 div 标签是最普遍的版块设计失误之一,……困难。</p>
  <p>二、麻烦的 embed 标签</p>
   <p>如"embed",即使这些标签已经被广泛使用。如果确实希望得到严格的 DOCTYPE(文档类型)验证,就只能放弃嵌套。<br />如果同时想要生效的版面设计和嵌入式媒体,可以试试 Flash Satay 方法。</p>
   <p>三、不当的 DOCTYPE 声明</p>
   <p>不声明……最佳展示。</p>
   <p>四、结尾斜线</p>
   <p>如果……等元素中。<br />
在严格的 DOCTYPE 中这是无效的。要在 img 标签结尾处加上"/"以解决此问题。</p>
   <p>五、Align 标签</p>
   <p>Align 是另一个不可用于版面设计的标签。可以尝试用"float"或者"text-align"来代替 align 转换元素。</p>
   <p>六、JavaScript</p>
   <p>如果……下标签。</p>
   <p>七、图像需要"alt"属性</p>
   <p>你可能还没有注意到,……像,如 alt= "Scary vampire picture"。</p>
   <p>八、未知实体数据</p>
   <p>实……符实体数据。</p>
   <p>九、不良嵌套</p>
     <p>嵌套就是元素里又包括元素,我们容易混淆嵌套元素</p>
   <p>十、缺少"title"标签</p>
   <p>尽管这看上去是一个很明显的错误,很多程序员(包括我自己)还是经常会在"head"版块中遗漏 title 标签。</p>
</body>
</html>
```

注意:

在 HTML 代码中,不管输入多少空格都将被视作为一个空格,换行即按回车键也是无效的。如果要换行必须用段落标记和换行标记。

【例 2-2】 设置标题(第 2 章\2-2.html)。其效果如图 2-2 所示。
代码如下:

# 第 2 章 利用 HTML 制作网页

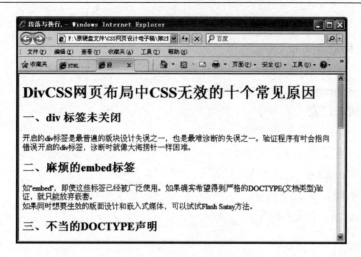

图 2-2  段落与标题

```
<html >
<head>
<title>段落与标题</title>
</head>
<body>
    <h1>DivCSS 网页布局中 CSS 无效的十个常见原因</h1>
    <h2>一、div 标签未关闭</h2>
    <p>开启的 div 标签是最普遍的版块设计失误之一，也是最难诊断的失误之一。验证程序有时会指向错误开启的 div 标签，诊断时就像大海捞针一样困难。</p>
    <h2>二、麻烦的 embed 标签</h2>
    <p>如"embed"，即使这些标签已经被广泛使用。如果确实希望得到严格的 DOCTYPE（文档类型）验证，就只能放弃嵌套。<br />如果同时想要生效的版面设计和嵌入式媒体，可以试试 Flash Satay 方法。</p>
    …
</body>
</html>
```

【例 2-3】 文本格式化（第 2 章\2-3.html）。其效果如图 2-3 所示。

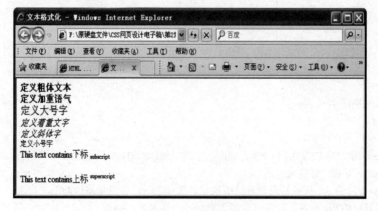

图 2-3  文本格式化

说明：

文本格式化标记含义如下：
- `<b></b>`：定义粗体文本。
- `<strong></strong>`：定义加重语气文本。
- `<big></big>`：定义大号字。
- `<em></em>`：定义着重文字。
- `<i></i>`：定义斜体字。
- `<small></small>`：定义小号字。
- `<sub></sub>`：定义下标字。
- `<sup></sup>`：定义上标字。

代码如下：

```html
<html>
<head>
<title> 文本格式化</title>
</head>
<body>
    <b>定义粗体文本</b><br />
<strong>定义加重语气</strong><br />
<big>定义大号字</big><br />
<em>定义着重文字</em><br />
<i>定义斜体字</i><br />
<small>定义小号字</small><br />
This text contains 下标
<sub>subscript</sub><br /><br />
This text contains 上标
<sup>superscript</sup>
</body>
</html>
```

【例 2-4】 文本水平居中（第 2 章\2-4.html）。其效果如图 2-4 所示。

说明：

文本水平居中用使`<center></center>`标记。

代码如下：

```html
<html>
<head>
<title>水平居中</title>
</head>
<body>
<center><h1>DivCSS 布局 CSS 无效的十个常见原因</h1></center>
    <h2>一、div 标签未关闭</h2>
      <p>开启的 div 标签是最普遍的版块设计失误之一，也是最难诊断的失误之一。验证程序有时会指向错误开启的 div 标签，诊断时就像大海捞针一样困难。</p>
    <h2>二、麻烦的 embed 标签</h2>
```

&lt;p&gt;如"embed",即使这些标签已经被广泛使用。如果确实希望得到严格的 DOCTYPE（文档类型）验证,就只能放弃嵌套。&lt;br /&gt;如果同时想要生效的版面设计和嵌入式媒体,可以试试 Flash Satay 方法。&lt;/p&gt;

……部分省略……

&lt;/body&gt;

&lt;/html&gt;

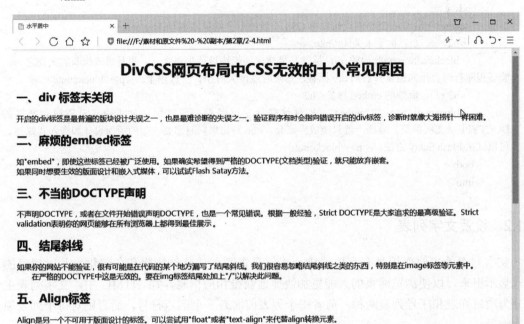

图 2-4 文本水平居中

【例 2-5】 文字段落的缩进（第 2 章\2-5.html）。其效果如图 2-5 所示。

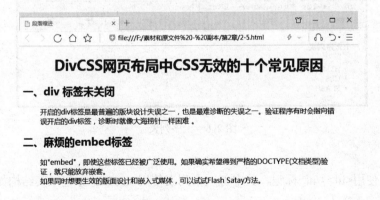

图 2-5 段落缩进

说明：

文本水平居中使用&lt;center&gt;&lt;/center&gt;标记,需要对某段进行缩进显示时,用文本缩进标记&lt;blockquote&gt;&lt;/blockquote&gt;。

代码如下:

```
<html>
<head>
<title>段落缩进</title>
</head>
<body>
    <center><h1>DivCSS 网页布局中 CSS 无效的十个常见原因</h1></center>
    <h2>一、div 标签未关闭</h2>
    <blockquote><p>开启的 div 标签是最普遍的版块设计失误之一,也是最难诊断的失误之一。验证程序有时会指向错误开启的 div 标签,诊断时就像大海捞针一样困难。</p></blockquote>
    <h2>二、麻烦的 embed 标签</h2>
    <blockquote><p>如"embed",即使这些标签已经被广泛使用。如果确实希望得到严格的 DOCTYPE(文档类型)验证,就只能放弃嵌套。<br />如果同时想要生效的版面设计和嵌入式媒体,可以试试 Flash Satay 方法。</p></blockquote>
</body>
</html>
```

### 2.1.2 设置文字列表

文字列表的主要作用是有序地编排一些信息资源,使其结构化和条理化,并以列表的形式显示出来,以便浏览网页的人能更加快捷地获得相应信息。在 HTML 中,文字列表主要分为项目列表和序号列表两种,前者每个列表前面有一个圆点符号,后者则对每个列表项依次编号。

【例 2-6】 建立无序列表(第 2 章\2-6.html)。其效果如图 2-6 所示。

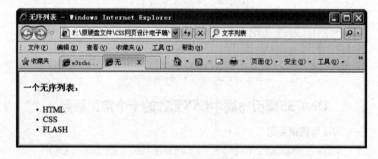

图 2-6  无序列表

说明:

无序列表使用<ul></ul>标记,其中每一个列表使用<li></li>标记,其结构如下:

```
<ul>
    <li>第 1 项</li>
    <li>第 2 项</li>
    <li>第 3 项</li>
</ul>
```

列表项内部可以使用段落、换行符、图片、链接及其他列表,等等。
此实例代码如下:

```
<html >
<head>
<title>无序列表</title>
</head>
<body>
<h4>一个无序列表:</h4>
<ul>
   <li>HTML</li>
   <li>CSS </li>
   <li>FLASH</li>
</ul>
</body></html>
```

【例 2-7】 建立不同类型的无序列表(第 2 章\2-7.html)。其效果如图 2-7 所示。

说明:

设置不同类型的无序列表可使用<ul></ul>标记的 type 属性,其语法如:<ul type= "disc">为实心点,<ul type="circle">为圆,<ul type="square">为正方形等。

其结构如下:

```
<ul type="circle">
   <li>第 1 项</li>
   <li>第 2 项</li>
   <li>第 3 项</li>
</ul>
```

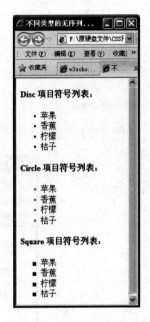

图 2-7 不同类型的无序列表

列表项内部可以使用段落、换行符、图片、链接及其他列表,等等。
代码如下:

```
<html >
<head>
<title>不同类型的无序列表</title>
</head>
<body>
<h4>Disc 项目符号列表:</h4>
<ul type="disc">
  <li>苹果</li>
  <li>香蕉</li>
  <li>柠檬</li>
  <li>桔子</li>
</ul>
<h4>Circle 项目符号列表:</h4>
```

```
    <ul type="circle">
      <li>苹果</li>
      <li>香蕉</li>
      <li>柠檬</li>
      <li>桔子</li>
    </ul>
    <h4>Square 项目符号列表：</h4>
    <ul type="square">
      <li>苹果</li>
      <li>香蕉</li>
      <li>柠檬</li>
      <li>桔子</li>
    </ul>
  </body>
</html>
```

【例 2-8】 建立有序列表（第 2 章\2-8.html）。其效果如图 2-8 所示。

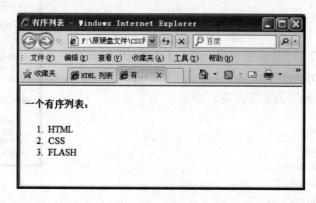

图 2-8 有序列表

说明：

建立有序列表使用<ol></ol>标记，其中每一个列表使用<li></li>标记，其结构如下：

```
<ol>
  <li>第 1 项</li>
  <li>第 2 项</li>
  <li>第 3 项</li>
</ol>
```

代码如下：
```
<html>
<head>
<title>有序列表</title>
</head>
<body>
<h4>一个有序列表：</h4>
<ol>
  <li>HTML</li>
```

```
    <li>CSS </li>
    <li>FLASH</li>
  </ol>
</body></html>
```

【例 2-9】 建立不同类型的有序列表（第 2 章\2-9.html）。其效果如图 2-9 所示。

说明：

要设置不同类型的有序列表可使用<ol></ol>标记的 type 属性，其语法如：<ol type="A">为字母列表，<ol type="a">为小写字母列表，<ol type="I">为罗马字母列表，<ol type="i">为小写罗马字母列表等。

其结构如下：

```
<ol type="A">
  <li>第 1 项</li>
  <li>第 2 项</li>
  <li>第 3 项</li>
</ol>
```

代码如下：

```
<html >
<head>
<title>不同类型的有序列表</title>
</head>
<body>
<h4>数字列表：</h4>
<ol>
  <li>苹果</li>
  <li>香蕉</li>
  <li>柠檬</li>
  <li>桔子</li>
</ol>
<h4>字母列表：</h4>
<ol type="A">
  <li>苹果</li>
  <li>香蕉</li>
  <li>柠檬</li>
  <li>桔子</li>
</ol>
<h4>小写字母列表：</h4>
<ol type="a">
  <li>苹果</li>
  <li>香蕉</li>
  <li>柠檬</li>
  <li>桔子</li>
</ol>
```

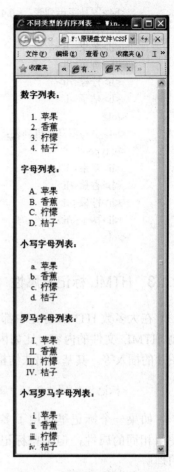

图 2-9 不同类型的有序列表

```
<h4>罗马字母列表：</h4>
<ol type="I">
 <li>苹果</li>
 <li>香蕉</li>
 <li>柠檬</li>
 <li>桔子</li>
</ol>
<h4>小写罗马字母列表：</h4>
<ol type="i">
 <li>苹果</li>
 <li>香蕉</li>
 <li>柠檬</li>
 <li>桔子</li>
</ol>
```

### 2.1.3 HTML 标记及属性

在大多数 HTML 标记中都可以加入属性控制，属性的作用是帮助 HTML 标记进一步控制 HTML 文件的内容，比如内容的对齐方式、文字的大小、字体、颜色，网页背景样式，图片的插入等。其基本语法结构为：

<标记名称 属性名 1="属性名 1" 属性名 2="属性名 2" …>

如果一个标记里使用了多个属性，各个属性之间以空格来间隔开。不同的标记可以使用相同的属性，但某些标记有着自己专门属性设置，下面通过几个实例来加深对属性的理解。

【例 2-10】 用 align 属性控制段落的水平位置（第 2 章\2-10.html）。其效果如图 2-10 所示。

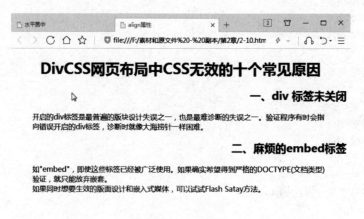

图 2-10 align 属性

说明：

align 属性的含义如下。

- Center:居中对齐。
- Right:右对齐。
- Left:左对齐。

代码如下:

```html
<html >
<head>
<title>align 属性</title>
</head>
<body>
    <h1 align="center">DivCSS 网页布局中 CSS 无效的十个常见原因</h1>
        <h2 align="right">一、div 标签未关闭</h2>
    <blockquote><p>开启的 div 标签是最普遍的版块设计失误之一,也是最难诊断的失误之一。验证程序有时会指向错误开启的 div 标签,诊断时就像大海捞针一样困难。</p></blockquote>
        <h2 align="right">二、麻烦的 embed 标签</h2>
    <blockquote><p>如"embed",即使这些标签已经被广泛使用。如果确实希望得到严格的 DOCTYPE(文档类型)验证,就只能放弃嵌套。<br />如果同时想要生效的版面设计和嵌入式媒体,可以试试 Flash Satay 方法。</p></blockquote>
</body>
</html>
```

【例 2-11】 用 bgcolor 属性设置背景颜色(第 2 章\2-11.html)。其效果如图 2-11 所示。

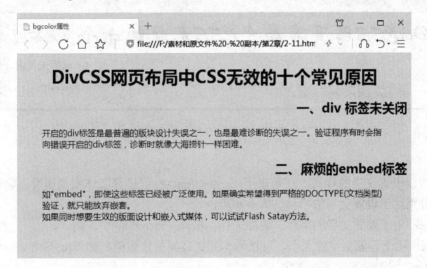

图 2-11 bgcolor 属性

说明:

text 属性设置为 "blue" 或 "#0000FF" 时文字是蓝色,bgcolor 设置为 "yellow" 时背景为黄色。

关于颜色的设置方法有两种方式。

第一种:以定义好的颜色名称表示,如 red、green、blue。

第二种:以 "#" 开头的 6 位十六进制数值表示的一种颜色。6 位数字分为 3 组,每组两位，依次分别表示红、绿、蓝。例如，红色用"#FF0000"表示。

代码如下：

```
<html >
<head>
<title>bgcolor 属性</title>
</head>
<body text="#0000FF" bgcolor="yellow">
<h1 align="center">DivCSS 网页布局中 CSS 无效的十个常见原因</h1>
    <h2 align="right">一、div 标签未关闭</h2>
        <blockquote><p>开启的 div 标签是最普遍的版块设计失误之一，也是最难诊断的失误之一。验证程序有时会指向错误开启的 div 标签，诊断时就像大海捞针一样困难。</p></blockquote>
    <h2 align="right">二、麻烦的 embed 标签</h2>
        <blockquote><p>如"embed"，即使这些标签已经被广泛使用。如果确实希望得到严格的 DOCTYPE（文档类型）验证，就只能放弃嵌套。<br />如果同时想要生效的版面设计和嵌入式媒体，可以试试 Flash Satay 方法。</p></blockquote>
</body></html>
```

【例 2-12】 设置文字的大小及颜色（第 2 章\2-12.html）。其效果如图 2-12 所示。

图 2-12　文字的大小及颜色

说明：

除了可以设置文字的样式，还可以用<font></font>标记设置字体相关属性，它有三个主要属性，分别用于设置文字的字体、大小和颜色。

- face：用于设置文字的字体，例如宋体、楷体（face="楷体"）等。
- size：用于设置文字的大小，可以取 1 到 7 之间的整数值，如 size="7"。
- color：用于设置文字的颜色。

代码如下：

```
<html >
<head>
<title>文字的大小及颜色</title>
</head>
<body >
    <h1 align="center" >
    <font color="blue" face="华文行楷" size="7">DivCSS 网页布局中 CSS 无效的十个</font><i>常
```

见原因</i></h1>
　　　　<h2 align="right">一、div 标签未关闭</h2>
　　　　<blockquote><p>开启的 div 标签是最普遍的版块设计失误之一，也是最难诊断的失误之一。验证程序有时会指向错误开启的 div 标签，诊断时就像大海捞针一样困难。</p></blockquote>
　　　</body>
　　</html>

## 2.1.4　在网页中使用图像

图片是网页中不可缺少的元素，巧妙地在网页中使用图片可以为网页增色不少。

目前网页上使用的图片格式主要是 GIF 和 JPG 两种。GIF 格式为图像交换格式，只支持 256 色以内的图像，且采用无损压缩存储，在不影响图像质量的情况下，可以生成很小的文件，还支持透明色，可以使图像浮现在背景之上。而 JPG 格式为静态图像压缩标准格式，它为摄影图片提供了一种标准的有损耗压缩方案。它可以保留大约 1670 万种颜色。

如何选择图片呢？GIF 格式仅为 256 色，而 JPG 格式支持 1670 万种颜色。如果颜色深度不是那么重要或图片中的颜色不多，就采用 GIF 格式的图片；反之，则采用 JPG 格式。总体来说，如果是和照片类似，通常适合保存为 JPG 格式；而主要由线条构成的、颜色种类比较少的图像，通常适合保存为 GIF 格式。

【例 2-13】　在网页中插入图片（第 2 章\2-13.html）。其效果如图 2-13 所示。

图 2-13　网页中插入图片

说明：

图片插入的 HTML 标记是<img>，它有一个 src 属性，用于指明图像文件的位置，如果图片文件和网页文件在同一个目录，就将 src 属性直接设置成图片文件名，如<img src="banana.jpg" />；如果图片文件和网页文件不在同一个目录，如<img src="file:///F|/原硬盘文件/教案/网页设计/banana.jpg" />。

代码如下：

```
<html >
<head>
<title>图片</title>
</head>
<body>
    <img src="picture.jpg" />
</body>
</html>
```

【例 2-14】 设置图片的大小（第 2 章\2-14.html）。其效果如图 2-14 所示。

图 2-14 图片的大小

说明：

图片的大小是通过设置<img>标记的 Width 和 Height 两个属性共同完成的，Width 属性控制图片的宽度，Height 属性控制图片的高度。当图片只设置其中一个属性时，如只设置 Height 属性，则图片的宽度以图片原始的长度比例来显示。例如，若图片原始大小为 80×60，如果设置宽度为 240，则高度就自动以 180 来显示。

属性值可以使用整数或者百分比。如果使用整数，就表示绝对的像素数；如果使用百分比设置宽度或高度。图片就以相对于当前窗口大小的百分比大小来显示。

代码如下：

```
<html >
<head>
<title>图片的大小</title>
</head>
<body>
    <img src="picture.jpg" />
    <img src="picture.jpg" width="128" />
    <img src="picture.jpg" width="256" height="256"/>
```

```
</body>
</html>
```

## 2.2 用 HTML 建立超链接

超链接是网页的主流元素，通过网页上所提供的链接功能，用户可以链接到网络上的其他网页，使用十分方便。下面通过几个实例来加深对设置超链接的理解。

【例 2-15】 设置基本文字超链接（第 2 章\2-15.html）。其效果如图 2-15 所示。

图 2-15 文字超链接

**说明：**

建立超链接所使用的 HTML 标记为<a></a>。超链接有两个最重要的要素，设置为超链接的文本内容和超链接指向目标地址。基本的超链接的结构如图 2-16 所示。

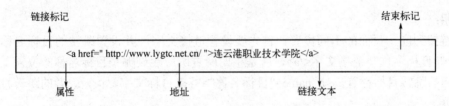

图 2-16 基本的超链接的结构

代码如下：

```
<html >
<head>
<title>文字超链接</title>
</head>
<body>
<p><a href="/index.html">本文本</a> 是一个指向本网站中的一个页面的链接。</p>
<p><a href="http://www.microsoft.com/">本文本</a> 是一个指向万维网上的页面的链接。</p>
</body>
</html>
```

【例 2-16】 链接到同一个页面的不同位置（第 2 章\2-16.html）。其效果如图 2-17 所示。

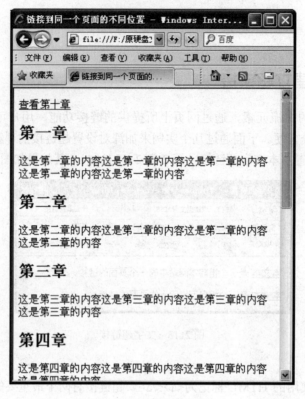

图 2-17 页面内部的链接

**说明：**

要链接到同一页面的不同位置，首先要设置链接文字，并设置跳转的目标名称，例如 <a href="#目标名称">链接文字</a>，就是指明网页所应跳到哪个目标名称的位置上，然后设置相应的跳转目标位置，<a name="目标名称">链接目标文字</a>。二者的跳转目标名称必须一致。

代码如下：

```
<html >
<head>
<title>链接到同一个页面的不同位置</title>
</head>
<body>
<p><a href="#C10">查看第十章</a></p>
<h2>第一章</h2>
<p>这是第一章的内容这是第一章的内容这是第一章的内容这是第一章的内容这是第一章的内容</p>
<h2>第二章</h2>
<p>这是第二章的内容这是第二章的内容这是第二章的内容这是第二章的内容</p>
<h2>第三章</h2>
<p>这是第三章的内容这是第三章的内容这是第三章的内容这是第三章的内容</p>
<h2>第四章</a></h2>
<p>这是第四章的内容这是第四章的内容这是第四章的内容这是第四章的内容</p>
```

```
<h2>第五章</h2>
<p>这是第五章的内容这是第五章的内容这是第五章的内容这是第五章的内容</p>
<h2>第六章</h2>
<p>这是第六章的内容这是第六章的内容这是第六章的内容这是第六章的内容</p>
<h2>第七章</h2>
<p>这是第七章的内容这是第七章的内容这是第七章的内容这是第七章的内容</p>
<h2>第八章</h2>
<p>这是第八章的内容这是第八章的内容这是第八章的内容这是第八章的内容</p>
<h2>第九章</h2>
<p>这是第九章的内容这是第九章的内容这是第九章的内容这是第九章的内容</p>
<h2><a name="C10">第十章</a></h2>
<p>这是第十章的内容这是第十章的内容这是第十章的内容这是第十章的内容</p>
</body>
</html>
```

**【例 2-17】** 设置图片的超链接（第 2 章\2-17.html）。其效果如图 2-18 所示。

**说明：**

设置图片的超链接，就是把链接文本改成图片标记<img src="图片文件名" />即可。

代码如下：

```
<html >
<head>
<title>图片的超链接</title>
  </head>
<body>
    <p>
 <a href="index.html"><img src="bg3.jpg" /></a></p>
</body>
</html>
```

**【例 2-18】** 设置电子邮件的超链接（第 2 章\2-18.html）。其效果如图 2-19 所示。

图 2-18　图片的链接　　　　　　　　图 2-19　电子邮件的链接

说明：

设置电子邮件的超链接，就是把 href 属性设置成"mailto:电子邮件地址"即可。

代码如下：

```
<html>
<head>
<title>电子邮件的超链接</title>
</head>
<body>
    <a href="mailto:someone@163.com">站长信箱</a>
</body>
</html>
```

【例 2-19】 设置以新窗口显示链接页面（第 2 章\2-19.html）。其效果如图 2-20 所示。

在默认情况下，当单击链接的时候，目标页面还是在同一窗口中显示。如果要在单击某个链接以后，打开一个新的浏览器窗口，就需要在<a>标记中设置"target"属性。

说明：

只要将"target"属性设置成"_blank"，就会自动打开一个新窗口，显示目标页面。

代码如下：

```
<html>
<head>
<title>新窗口打开链接</title>
</head>
<body>
    <a href="http://www.lygtc.net.cn/" target="_blank">连云港职业技术学院</a>
    <p>如果把链接的 target 属性设置为 "_blank"，该链接会在新窗口中打开。</p>
</body>
</html>
```

【例 2-20】 建立热点区域（第 2 章\2-20.html）。其效果如图 2-21 所示。

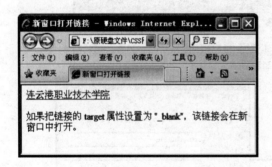
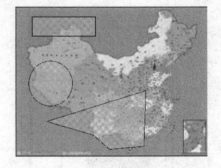

图 2-20　新窗口显示链接页面　　　　　图 2-21　热点区域

说明：

HTML 中可以使用 3 种类型的热点区域：矩形、圆形和多边形。

在<img>标记的后面是热点区域的相关代码，它是通过 <map>标记和<area>标记来定义的。这个标记可以这样理解：在图片上画出一个区域来，就像画出一个地图一样，并为这个区域命名，然后在<img>标记中插入图片并使用该地图的名字。

<map>标记只有一个属性，即 name 属性，其作用就是为区域命名，其设置值可以随便设置。

<img>标记除起到插入图片的作用外，还需要引用区域名字，这就要加入一个 usemap 属性，其设置值为<map>标记中 name 属性的设置值再加上井号"#"。例如设置了"<map name="pic">"，则"<img usemap="#pic">"。

<area>标记有如下属性。

第一个为 shape 属性，控制划分区域的形状，其设置值有 3 个，分别为 rect（矩形）、circle（圆形）和 ploy（多边形）

第二个为 coords 属性，控制区域的划分坐标。

（1）如果前面设置的是 "shape=rect"，那么 coords 的设置值分别是矩形的左、上、右、下四边的左边，单位为像素。

（2）如果前面设置的是 "shape=circle"，那么 coords 的设置值分别是圆形的圆心坐标（它通过左、上两点坐标进行设置）和该圆形的半径值（单位为像素）。

（3）如果前面设置的是 "shape=poly"，那么 coords 的设置值分别是各点的坐标，单位为像素。热点区域的坐标是相对于热点区域所在的图片来设置的，而不是以浏览器窗口为参考进行设置，这样如果设置的坐标值超出了图片的长宽尺寸范围就不能显示出热点区域了。

代码如下：

```
<html>
<head>
<title>热点区域</title>
</head>
<body>
    <img src="map.jpg" width="286" height="322" border="0" usemap="#map1">
<map name="map1">
<area shape="rect" coords="34,20,167,60" href="#">
<area shape="circle" coords="73,155,46" href="#">
<area shape="poly" coords="39,247,244,185,240,297,169,303,134,274" href="#"> </map>
</body>
</html>
```

## 2.3 用 HTML 创建表格

使用表格可以清晰地显示列成表的数据，表格是在论坛做帖子的重要武器。把表格称作容器缘于表格的装载特性。表格是用于装载数据的，与我们现实中所看到和理解的表格非常一致。我们在 Word 和 Excel 里都接触过表格，知道表格有表头、表体、单元格、行、列等概念，它们并不难理解。而在 HTML 里，我们对表格的理解和运用可能会增加一些概念，但并不复杂，在学习的过程中，通过领会和实践，相信是很容易掌握的。表格不仅能装载数据，它还被广泛地应用于网页的布局，这与表格可以将其所在区域划分为行和列即诸多单元格密切相关。表格用于网页布局过去非常流行,现在仍然深受欢迎,它在论坛做帖子也起到不可估量的作用,帖子的页面布局将因使用了表格而可以随心所欲地排版。

### 2.3.1 表格的基本结构

在网页中制作表格,并不像 Word 那么容易,比如若要制作 3 行 4 列的表格,Word 中只要设定 3 行 4 列就完成了。然而在网页中制作 3 行 4 列的表格,要通过几个 HTML 标记来完成。

表格由<table>标记来定义。每个表格均有若干行(由<tr>标签定义),每行被分割为若干单元格(由<td>标签定义)。字母 td 指表格数据(table data),即数据单元格的内容。数据单元格可以包含文本、图片、列表、段落、表单、水平线、表格,等等。因此建立一个最基本的表格,必须包含一组<table></table>标记、一组<tr></tr>标记及一组<td></td>标记。

<table></table>标记:表格的起始符,用于标识一个表格。任意一个表格的开始都必须以它开头,且必须有终止符</table>。它还有一些比如 width 属性(设置表格的宽度,单位可以是像素和百分比)、border 属性(设置表格的边框线粗细,单位是可以是像素)。如 border=1 即设置表格的边框线粗细为 1 像素。

<tr></tr>标记:用于规定表格的行,建立一行表格。其中,t 是 table,r 是 row(行)。有多少组 tr,这张表格就有多少行。

<td></td>:用于规定表格的列,建立一个单元格。t 是 table,d 可理解为 down(向下)。有多少组<td>,这张表格就有多少列。第一个<td>紧跟在<tr>之后。终止符为</td>。<td>与<tr>配合构成单元格。一个<tr>标记内有多少个<td>就表示这行里有多少列或是说有多少个单元格。

【例 2-21】 基本表格(第 2 章\2-21.html)。其效果如图 2-22 所示。

图 2-22 表格

代码如下:

```
<html>
<head>
```

```
    <title>表格</title>
  </head>
  <body>
  <table width="400" border="1">
    <tr>
      <td width="54">星期</td><td width="57">星期一</td>
      <td width="61">星期二</td><td width="63">星期三</td>
      <td width="60">星期四</td> <td width="65">星期五</td>
    </tr>
    <tr>
      <td>第一节</td><td>数学</td><td>数学</td>
<td>英语</td> <td>语文</td><td>数学</td>
    </tr>
    <tr>
      <td>第二节</td> <td>语文</td> <td>科学</td>
      <td>数学</td> <td>数学</td> <td>美术</td>
    </tr>
    <tr>
      <td>第三节</td> <td>英语</td> <td>思品</td>
      <td>语文</td> <td>信息</td> <td>英语</td>
    </tr>
    <tr>
      <td>第四节</td> <td>科学</td> <td>习作</td>
      <td>班会</td> <td>音乐</td> <td>语文</td>
    </tr>
    <tr>
      <td>第五节</td> <td>写字</td> <td>习作</td>
      <td>思品</td> <td>体育</td><td>实践</td>
    </tr>
    <tr>
      <td>第六节</td><td>美术</td> <td>体育</td>
      <td>体育</td><td>音乐</td> <td>实践</td>
    </tr>
  </table>
  </body>
</html>
```

## 2.3.2 合并单元格

在表格中，有时需要合并单元格，以符合某些内容上的需要。在 HTML 中合并的方向有两种：上下合并和左右合并。

【例 2-22】 左右合并单元格（第 2 章\2-22.html）。其效果如图 2-23 所示。

说明：

左右合并单元格，可使用 colspan 属性。

HTML 代码如下：

图 2-23　左右合并单元格

```
<html >
<head>
<title>左右合并单元格</title>
</head>
<body>
<table width="400" border="1">
  <tr>
    <td width="60">星期</td>
    <td width="60" colspan="2">星期一星期二</td>
    <td width="60">星期三</td> <td width="60">星期四</td>
    <td width="60">星期五</td>
  </tr>
  <tr>
    <td>第一节</td><td>数学</td><td>数学</td>
    <td>英语</td><td>语文</td> <td>数学</td>
  </tr>
  <tr>
    <td>第二节</td> <td>语文</td> <td>科学</td>
    <td>数学</td> <td>数学</td> <td>美术</td>
  </tr>
  <tr>
    <td>第三节</td><td>英语</td> <td>思品</td>
    <td>语文</td><td>信息</td> <td>英语</td>
  </tr>
  <tr>
    <td>第四节</td><td>科学</td> <td>习作</td>
    <td>班会</td> <td>音乐</td><td>语文</td>
  </tr>
  <tr>
    <td>第五节</td><td>写字</td> <td>习作</td>
    <td>思品</td><td>体育</td> <td>实践</td>
  </tr>
  <tr>
    <td>第六节</td> <td>美术</td> <td>体育</td>
    <td>体育</td> <td>音乐</td> <td>实践</td>
```

           </tr>
         </table>
       </body>
    </html>

【例 2-23】 上下合并单元格（第 2 章\2-23.html）。其效果如图 2-24 所示。

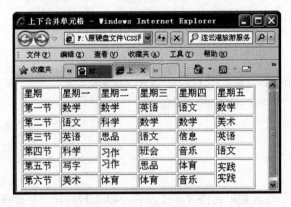

图 2-24  上下合并单元格

说明：

上下合并单元格，可使用 rowspan 属性。

代码如下：

```
<html >
<head>
<title>上下合并单元格</title>
</head>
<body>
<table width="400" border="1">
  <tr>
    <td width="60">星期</td> <td width="60" >星期一</td>
    <td width="60" >星期二</td> <td width="60">星期三</td>
    <td width="60">星期四</td> <td width="60">星期五</td>
  </tr>
  <tr>
    <td>第一节</td> <td>数学</td><td>数学</td>
    <td>英语</td> <td>语文</td> <td>数学</td>
  </tr>
  <tr>
    <td>第二节</td><td>语文</td> <td>科学</td>
    <td>数学</td> <td>数学</td> <td>美术</td>
  </tr>
  <tr>
    <td>第三节</td> <td>英语</td><td>思品</td>
    <td>语文</td> <td>信息</td> <td>英语</td>
  </tr>
```

```
            <tr>
                <td>第四节</td> <td>科学</td>
                <td rowspan="2">习作<br />习作</td>
                <td>班会</td> <td>音乐</td> <td>语文</td>
            </tr>
            <tr>
                <td>第五节</td> <td>写字</td> <td>思品</td>
                <td>体育</td> <td rowspan="2">实践<br />实践</td>
            </tr>
            <tr>
                <td>第六节</td> <td>美术</td> <td>体育</td>
                <td>体育</td> <td>音乐</td>
            </tr>
        </table>
    </body>
</html>
```

【例 2-24】 上下左右合并单元格（第 2 章\2-24.html）。其效果如图 2-25 所示。

图 2-25 上下左右合并单元格

代码如下：

```
<html >
<head>
<title>上下左右合并单元格</title>
</head>
<body>
<table width="400" border="1">
<tr>
<td width="60">星期</td>
<td   rowspan="2" colspan="2" >星期一星期二<br />数学数学</td>
<td width="60">星期三</td>
<td width="60">星期四</td>
<td width="60">星期五</td>
```

```html
        </tr>
        <tr>
        <td>第一节</td> <td>英语</td> <td>语文</td> <td>数学</td>
        </tr>
        tr>
        <td>第二节</td> <td >语文</td> <td >科学</td>
        <td>数学</td> <td>数学</td> <td>美术</td>
        </tr>
        <tr>
        <td>第三节</td><td>英语</td> <td>思品</td>
        <td>语文</td> <td>信息</td> <td>英语</td>
        </tr>
        <tr>
        <td>第四节</td> <td>科学</td>
        <td rowspan="2">习作<br />习作</td>
        <td>班会</td> <td>音乐</td> <td>语文</td>
        </tr>
        <tr>
        <td>第五节</td> <td>写字</td> <td>思品</td>
        <td>体育</td> <td rowspan="2">实践<br />实践</td>
        </tr>
        <tr>
        <td>第六节</td> <td>美术</td> <td>体育</td>
        <td>体育</td><td>音乐</td>
        </tr>
        </table>
        </body>
        </html>
```

### 2.3.3 设置对齐方式

设置表格及单元格的对齐方式,可使用 align 属性。

而 valign 属性可以控制文字靠上、靠下。valign 属性设置为 "top" "middle" 或 "bottom" 时,分别表示竖直靠上、竖直居中和竖直靠下对齐。

【例 2-25】 设置单元格对齐方式(第 2 章\2-25.html)。其效果如图 2-26 所示。

代码如下:

```html
        <html >
        <head>
        <title>设置单元格的对齐方式</title>
        </head>
        <body>
        <table width="400" border="1">
          <tr>
            <td width="60">星期</td>
```

图 2-26　设置单元格对齐方式

```
<td align="center" rowspan="2" colspan="2" >星期一星期二<br />数学数学</td>
    <td width="60">星期三</td><td width="60">星期四</td>
    <td width="60">星期五</td>
</tr>
<tr>
    <td>第一节</td> <td>英语</td> <td>语文</td> <td>数学</td>
</tr>
<tr>
    <td>第二节</td><td>语文</td><td >科学</td>
    <td>数学</td><td>数学</td><td>美术</td>
</tr>
<tr>
    <td>第三节</td> <td>英语</td><td>思品</td>
    <td>语文</td><td>信息</td> <td>英语</td>
</tr>
<tr>
    <td>第四节</td> <td>科学</td>
    <td rowspan="2">习作<br />习作</td>
    <td>班会</td><td>音乐</td> <td>语文</td>
</tr>
<tr>
    <td>第五节</td> <td>写字</td> <td>思品</td> <td>体育</td>
    <td   align="right" rowspan="2">实践<br />实践</td>
</tr>
<tr align="right">
<td>第六节</td><td>美术</td><td>体育</td>
    <td>体育</td> <td>音乐</td>
</tr>
</table>
</body>
</html>
```

## 2.3.4 设置表格背景和边框颜色

设置表格及单元格的背景和边框颜色,可使用 bgcolor 属性。

【例 2-26】 设置表格背景及边框颜色(第 2 章\2-26.html)。其效果如图 2-27 所示。

图 2-27 表格背景及边框颜色

说明:

设置表格边框颜色可使用 bordercolor 属性。

代码如下:

```
<html >
<head>
<title>表格背景及边框颜色</title>
</head>
<body>
<table  bgcolor="#CCCCCC"   width="400"   border="1"
bordercolor="#0000FF">
  <tr>
    <td width="60">星期</td> <td width="60" >星期一</td>
    <td width="60" >星期二</td> <td width="60">星期三</td>
    <td width="60">星期四</td>   <td width="60">星期五</td>
  </tr>
  <tr>
    <td>第一节</td> <td>数学</td> <td>数学</td> <td>英语</td>
    <td>语文</td> <td>数学</td>
  </tr>
  <tr>
    <td>第二节</td> <td>语文</td> <td>科学</td>
    <td>数学</td> <td>数学</td> <td>美术</td>
  </tr>
  <tr>
```

```
        <td>第三节</td> <td>英语</td> <td>思品</td>
        <td>语文</td> <td>信息</td> <td>英语</td>
    </tr>
    <tr>
        <td>第四节</td><td>科学</td>
        <td rowspan="2">习作<br />习作</td>
        <td>班会</td> <td>音乐</td> <td>语文</td>
    </tr>
    <tr>
        <td>第五节</td> <td>写字</td> <td>思品</td> <td>体育</td>
        <td bgcolor="#555555" rowspan="2">实践<br />实践</td>
    </tr>
    <tr bgcolor="#999999" align="right">
        <td>第六节</td> <td>美术</td> <td>体育</td>
        <td>体育</td><td>音乐</td>
    </tr>
</table>
</body>
</html>
```

### 2.3.5 表格单元格边线间的距离

设置表格单元格的边线之间的距离，要用到 cellpadding 和 cellspacing 属性。

【例 2-27】 设置表格单元格边线之间的距离（第 2 章\2-27.html）。其效果如图 2-28 所示。

图 2-28 表格单元格边线间距离

代码如下：

```
<html>
<head>
```

```html
<title>表格单元格边线间距离</title>
</head>
<body>
<table  cellpadding="4" cellspacing="4" width="400" border="1">
  <tr>
     <td>星期</td> <td>星期一</td><td>星期二</td>
     <td>星期三</td><td>星期四</td> <td>星期五</td>
  </tr>
  <tr>
     <td>第一节</td><td>数学</td><td>数学</td>
     <td>英语</td><td>语文</td><td>数学</td>
  </tr>
  <tr>
     <td>第二节</td><td>语文</td><td>科学</td>
     <td>数学</td><td>数学</td><td>美术</td>
  </tr>
  <tr>
     <td>第三节</td> <td>英语</td> <td>思品</td>
     <td>语文</td> <td>信息</td> <td>英语</td>
  </tr>
  <tr>
     <td>第四节</td> <td>科学</td>
     <td rowspan="2">习作<br />习作</td>
     <td>班会</td> <td>音乐</td><td>语文</td>
  </tr>
  <tr>
     <td>第五节</td><td>写字</td> <td>思品</td>
     <td>体育</td> <td rowspan="2">实践<br />实践</td>
  </tr>
  <tr>
     <td>第六节</td><td>美术</td><td>体育</td>
     <td>体育</td> <td>音乐</td>
  </tr>
</table></body></html>
```

## 2.3.6 设置表格标题

设置表格标题，要用到 caption 属性。

【例 2-28】 设置表格标题（第 2 章\2-28.html）。其效果如图 2-29 所示。
代码如下：

```html
<html >
<head>
<title>表格标题</title>
</head>
<body>
```

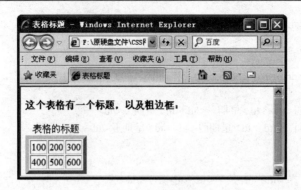

图 2-29　表格标题

```
<h4>这个表格有一个标题，以及粗边框：</h4>
<table border="6"><caption>表格的标题</caption>
<tr>
   <td>100</td> <td>200</td><td>300</td>
</tr>
<tr>
   <td>400</td> <td>500</td><td>600</td>
</tr></table></body></html>
```

### 2.3.7　完整的表格标记

完整的表格标记要用到表头<thead>标记、主体<tbody>标记、脚注<tfoot>标记。

【例 2-29】 完整的表格标记（第 2 章\2-29.html）。其效果如图 2-30 所示。

图 2-30　完整的表格标记

代码如下：

```
<html >
<head>
<title>完整表格标记</title>
</head>
<body>
```

```html
<table width="400" border="1" align="center" bordercolor="#003399">
<thead>
  <tr>
    <th colspan="2">产品</td>    <th colspan="2">描述信息</td>
  </tr>
  <tr align="center"> <td>公司</td> <td>车型</td>
    <td>配制</td><td>价格</td>
  </tr>
</thead>
<tbody>
  <tr>
    <th rowspan="2">上海大众</td> <td>POLO</td>
    <td>高配</td> <td>1000000.00</td>
  </tr>
  <tr>
    <td>朗逸</td> <td>中配</td> <td>150000.00</td>
  </tr>
  <tr>
    <th rowspan="2">东风标致</td> <td>307</td>
    <td>中配</td> <td>90000.00</td>
  </tr>
  <tr>
    <td>408</td> <td>高配</td> <td>12000.0</td>
  </tr>
</tbody>
<tfoot>
  <tr>
    <td>2</td> <td>4</td> <td>4</td> <td>110000.00</td>
  </tr>
</tfoot>
</table>
</body>
</html>
```

## 2.4 应用实例

以连云港旅游构成分析表（第 2 章\2-30.html）为例，介绍表格的综合使用。效果如图 2-31 所示。

### 2.4.1 设计分析

此网页主要使用的是表格的一系列标记，如<table></table>标记、<tr></tr>标记、<td></td>标记。还有表格标记的属性，如 bgcolor 属性、align 属性、width 属性、border 属性、cellspacing 属性、cellpadding 属性、colspan 属性等。还用到水平线标记<hr>及其 color 属性。

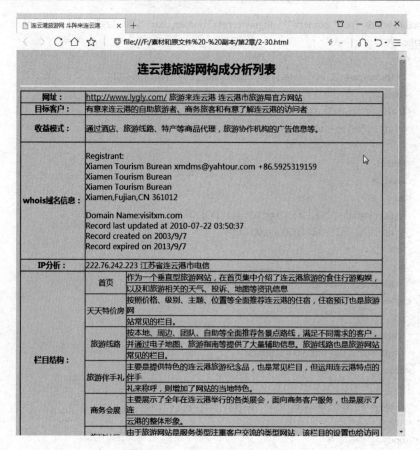

图 2-31　连云港旅游网构成分析表

## 2.4.2　制作步骤

步骤 1：选择"开始"，然后依次选择"程序"→"Adobe"→"Adobe DreamWeaver CS5"→"新建"→"HTML"命令。

步骤 2：在代码窗口中输入如下代码。

```
<!DOCTYPE html PUBLIC "-//W3C//DTD XHTML 1.0 Transitional//EN" "http://www.w3.org/TR/xhtml1/DTD/xhtml1-transitional.dtd">
<html xmlns="http://www.w3.org/1999/xhtml">
<head>
<meta http-equiv="Content-Type" content="text/html; charset=utf-8" />
<title>连云港旅游网　旅游来连云港</title>
</head>
<body bgcolor="#66FFFF"><h2 align="center">连云港旅游网构成分析列表</h2>
<hr color="#ffffff"/>
<table width="762" border="1" cellspacing="0" cellpadding="0">
  <tr>
    <th width="136">网址：</th>
<td colspan="2"><a href="http://www.lygly.com/">http://www.lygly.com/</a> 旅游来连云港　连云港
```

市旅游局官方网站</td>
    </tr>
    <tr>
        <th>目标客户：</th>
        <td colspan="2">有意来连云港的自助旅游者、商务旅客和有意了解连云港的访问者</td>
    </tr>
    <tr>
        <th><p>收益模式：</h>
        <td colspan="2">通过酒店、旅游线路、特产等商品代理，旅游协作机构的广告信息等。</td>
    </tr>
    <tr>
        <th>whois 域名信息：</th>
        <td colspan="2"><p>Registrant:<br />
            Xiamen Tourism Burean xmdms@yahtour.com +86.5925319159<br />
            Xiamen    Tourism Burean<br />
            Xiamen Tourism Burean<br />
            Xiamen,Fujian,CN     361012<br />
            </p>
            <p>Domain Name:visitxm.com <br />
            Record last updated at 2010-07-22     03:50:37<br />
            Record created on 2003/9/7<br />
            Record expired on    2013/9/7<br />
            </p>
        </td>
    </tr>
    <tr>
        <th>IP 分析：</th>
        <td colspan="2">222.76.242.223 江苏省连云港市电信</td>
    </tr>
    <tr>
        <th rowspan="15">栏目结构：</th>
        <td width="86" rowspan="2" align="center">首页</td>
        <td width="532">作为一个垂直型旅游网站，在首页集中介绍了连云港旅游的食住行游购娱,</td>
    </tr>
    <tr>
        <td>以及和旅游相关的天气、投诉、地图等资讯信息</td>
    </tr>
    <tr>
        <td rowspan="2" align="center">天天特价房</td>
        <td>按照价格、级别、主题、位置等全面推荐连云港的住宿，住宿预订也是旅游网</td>
    </tr>
    <tr>
        <td>站常见的栏目。</td>
    </tr>
    <tr>

```html
            <td rowspan="3" align="center">旅游线路</td>
                <td>按本地、周边、团队、自助等全面推荐各景点路线,满足不同需求的客户,</td>
        </tr>
        <tr>
                <td>并通过电子地图、旅游指南等提供了大量辅助信息。旅游线路也是旅游网站</td>
        </tr>
        <tr>
                <td>常见的栏目。</td>
        </tr>
        <tr>
            <td rowspan="2" align="center">旅游伴手礼</td>
                <td>主要是提供特色的连云港旅游纪念品,也是常见栏目,但运用连云港特点的伴手</td>
        </tr>
        <tr>
                <td>礼来称呼,则增加了网站的当地特色。</td>
        </tr>
        <tr>
            <td rowspan="2" align="center">商务会展</td>
                <td>主要展示了全年在连云港举行的各类展会,面向商务客户服务,也是展示了连</td>
        </tr>
        <tr>
                <td>云港的整体形象。</td>
        </tr>
            <tr>
            <td rowspan="2" align="center">旅游社区</td>
                <td>由于旅游网站是服务类型注重客户交流的类型网站,该栏目的设置也给访问</td>
        </tr>
        <tr>
                <td>者提供了一个交流的场所。</td>
        </tr>
    </table>
    </body>
</html>
```

步骤3:编写完成后保存。

步骤4:双击 HTML 文件,在浏览器中观看效果。

# 习题

1. 怎样实现文字在一个段内的强制换行?
2. 请列举一些能使文字内容结构化和条理化的 HTML 标记。
3. 在网页中做一个表格,要用到哪几种标记?分别说明其具体作用。
4. 举例说明怎样设置基本文字超链接。
5. 自己设计一个简单的网页,要求包括有超链接图片和表格等网页元素。

# 第 3 章　CSS 基础

本章将讲解有关 CSS 的基础知识。需要重点掌握 CSS 的基础知识和语法。其中 CSS 的使用技巧和规范，将会随着 CSS 知识的学习被逐渐掌握。

## 3.1　CSS 概述

CSS 是 cascading style sheets 的英文缩写，中文翻译为"层叠样式表"，简称样式表，是用于（增强）控制网页样式并允许将样式信息与网页内容分离的一种标记性语言。CSS 是当前一种制作网页的技术。

CSS1 发布于 1996 年 12 月 17 日，在 1999 年，W3C 公布了一个修订的、详细的 CSS 规范，称为 CSS2。同时，他们又把原来的 CSS 改名为 CSS1。CSS2 几乎是 CSS1 的超集，只有一小部分不同。现在已经成为网页设计必不可少的工具之一，大多数的浏览器都支持该样式表。

CSS 可以称得上 Web 设计领域的一个突破。作为网站开发者，能够为每个 HTML 元素定义样式，并将之应用于希望的任意多的页面中。如需进行全局的更新，只需简单地改变样式，然后网站中的所有元素均会自动地更新。

CSS 布局页面的优势有以下几方面。

① 实现高效率的开发与简单维护：由于使用 CSS 布局页面的网站内容和形式分离，便于修改网页格式，网页前台只需要显示内容就行，CSS 对网页样式的控制可以独立地进行，把形式上的美工交给 CSS 来处理，因而修改、更新网页显得异常轻松容易，这提高了工作效率。

② 生成的 HTML 文件代码精简，占用空间更小，打开更快：因为使用 DIV+CSS，前台打开看到的全是直接内容，CSS 文件都是导入链接的，是另一个文件，根本和 HTML 文件大小没关系，减少了网页文件的大小，降低服务器成本，加快网页解析速度。

③ 更良好的用户体验：可以在不增加网页体积的情况下增加网页的特殊效果，在网页中过多地使用图像会破坏原有文字的存储格式，并且会加长下载时间，如果使用了 CSS 中的图像滤镜，就实现一些特殊的视觉效果。

④ 信息跨平台的可用性：几乎所有的主流浏览器均支持层叠样式表，所以可以避免由于用户浏览器不同而造成的网页显示不理想，有很好的适应性。

### 3.1.1　CSS 的定义

CSS 的引入是为了使 HTML 语言能够更好地适应页面的美工设计。它以 HTML 语言为基础，提供了丰富的格式化功能，如字体、颜色、背景等。其中，样式是用来定义如何显示 HTML 元素的，这些样式通常存储在样式表中，样式表允许以多种方式规定样式信息。可以规定在单个的 HTML 元素中，在 HTML 页的头元素中，或在一个外部的 CSS 文件中，甚至可以在同一个 HTML 文档内部引用多个外部样式表，而多个样式定义可层叠为一，所以称为层叠样式表。

先看一个简单的 CSS 语句：

   p{ color:red;font-size:24px;font-style:italic}

**说明：**

其中，"p"在该语句中称为选择对象，也称为选择器，指明定义样式的具体对象。在编辑 CSS 样式时样式声明写在一对大括号"{}"中。

"color""font-size""font-style"称为"属性"，在同一个选择器中可以有多个属性，但不同属性之间要用分号";"分隔。

属性后面的"#FF0000"和"italic"是属性的值（value）。属性与属性值之间用冒号分开。某个属性的值可能有多个，但它们之间要用逗号分隔。

【例 3-1】 未引入 CSS 的实例（第 3 章\3-1.html）。其效果如图 3-1 所示。

代码如下：

```
<html>
<head>
<title>无标题文档</title>
</head>
<body>
<p>这是正文内容 ！</p>
</body>
</html>
```

引入 CSS 的页面代码如下（第 3 章\3-2.html）所示。

```
<html>
<head>
<meta http-equiv="Content-Type" content="text/HTML; charset=utf-8" />
<title>页面标题</title>
<style type="text/css">
p{
color:red;
font-size:24px;
font-style:italic
}
</style>
</head>
<body>
<p>这是正文内容 ！</p>
</body>
</html>
```

效果如图 3-2 所示。

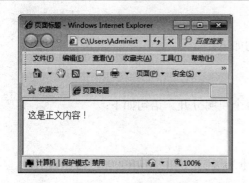 

图 3-1  未引入 CSS 的页面效果　　　　图 3-2  引入 CSS 的页面效果

## 3.1.2　CSS 的基本语法

通常情况下 CSS 的语法包括 3 个方面：选择器、属性和值，CSS 语句由两个主要的部分构成：选择器，以及一条或多条声明。其语法结构如下：

　　选择器{属性:属性值;}

下面是一个符合 CSS 语法的实例代码：

　　p{color:blue;font-size:20px;}，

语句说明如图 3-3 所示。

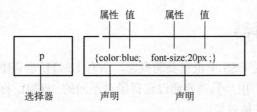

图 3-3  CSS 语句

这行代码的作用是将 p 元素内的文字颜色定义为蓝色，同时将字体大小设置为 20 像素。在这个例子中，p 是选择器，color 和 font-size 是属性，blue 和 20px 是值。

说明：
- 关于选择符、属性、值等概念，将在以后的章节中详细介绍。
- 属性必须要包含在{}号之中。
- 属性和属性值之间用 ":" 分隔。
- 当有多个属性时，用 ";" 进行区分。
- 在书写属性时属性之间使用空格、换行等，并不影响属性的显示。
- 如果一个属性有几个值，则每个属性值之间用空格分隔开。
- CSS 对大小写不敏感。但存在一个例外：如果涉及与 HTML 文档一起工作的话，class 和 id 名称对大小写是敏感的，所以最好都小写。
- 如果值为若干单词，则要给值加引号。

下面是一些应用举例。

如果值为若干单词，则要给值加引号。语句如下：

　　p {font-family: "sans serif";}

如果定义不止一个声明，则需要用分号将每个声明分开。语句如下：

　　p{text-align:center; color:blue;}

颜色的设置除了英文单词 red，还可以使用十六进制的颜色值#ff0000，语句如下：

　　p{color:#ff0000;}

为了节约字节，还可以使用 CSS 的缩写形式，语句如下：

　　p{ color:#f00;}

还可以通过两种方法使用 RGB 值，语句如下：

　　p{color:rgb(255,0,0);}
　　p{color:rgb(100%,0%,0%);}

**注意：**

当使用 RGB 百分比时，即使当值为 0 时也要写百分比符号。但是在其他的情况下就不需要这么做了。比如说，当尺寸为 0 像素时，0 之后不需要使用 px 单位，因为 0 就是 0，无论单位是什么。

## 3.2　基本 CSS 选择器

选择器（selector）是 CSS 中很重要的概念，所有 HMTL 语言中的标记都是通过不同的 CSS 选择器进行控制的。用户只需要通过选择器对不同的 HTML 标记进行选择，并赋予各种样式声明，即可实现各种效果。

### 3.2.1　标记选择器

标记选择器指以网页中已有的标记名作为名称的选择器，几乎所有的 HTML 标记均可用作该类选择器（如：body{ }、p{ }、h1{ }，等等），如图 3-4 所示。

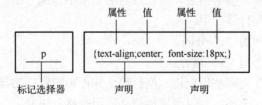

图 3-4　标记选择器的声明

**注意：**

一旦应用标记选择器，该样式将应用于网页中所有同名的标记。

【例3-2】 标记选择器实例（第3章\3-3.html）。效果如图3-5所示。

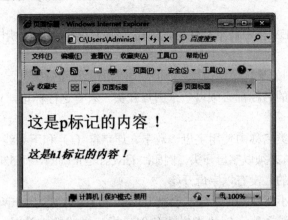

图3-5 标记选择器声明效果

说明：

网页中的p标记的样式设定字体颜色为蓝色，字体尺寸30px；h1标记的样式设定为字体颜色红色，字体尺寸20px，样式为倾斜。

代码如下：

```
<html>
<head>
<title>页面标题</title>
<style type="text/css">
p{
color:blue;
font-size:30px;
}
h1{
color:red;
font-size:20px;
font-style: italic;
}
</style>
</head>
<body>
<p>这是p标记的内容！</p>
<h1>这是h1标记的内容！</h1>
</body>
</html>
```

### 3.2.2 类别选择器

标记选择器一旦声明，那么页面中所有的该标记都会相应地产生变化。例如，若当声明了<p>标记为红色时，页面中所有的<p>标记都会显示为红色。但如果希望其中某一个

<p>标记不是红色,而是蓝色,仅依靠标记选择器就不够了,这时需要引入类别(class)选择器。

类别选择器允许在文档中被重复使用,但需要在 HTML 标记中用 class=" "为相应标记指定所应用的类名。

类选择器命名规则如下。

① 所有类选择器的名称都必须以一个圆点开头。只有这样标记,Web 浏览器才能在样式表中发现类选择器。

② CSS 只允许在类名称中使用字母、数字、连字符(-)和下划线(_)。

③ 在圆点后,名称必须以字母开头。例如:.idivcss 是正确的,而.52idivcss、._idivcss、.-idivcss 这些都是错误的,没有以字母开始。

④ 类名称区分大小写。例如:CSS 会把.idivcss 和.IDIVCSS 当作两个不同的类。

除了名称上的差别之外,创建类样式和创建标记样式的方法是一样的。在类名称后面,只要加上一个声明块,在大括号里写进全部的样式即可,如图 3-6 所示。

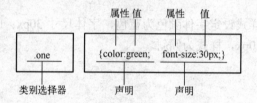

图 3-6  类别选择器的声明

【例 3-3】 类别选择器的应用(第 3 章\3-4.html)。其效果如图 3-7 所示。

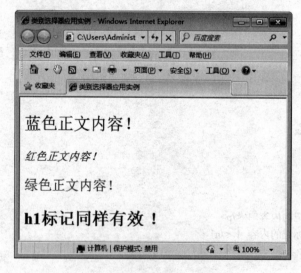

图 3-7  类别选择器声明效果

说明:

页面中有 3 个<p>标记,但它们的颜色各不相同,可以通过设置不同的 class 选择器来实现。

代码如下:

```html
<html>
<head>
<title>类别选择器应用实例</title>
<style type="text/css">
.blue{
color:blue;
font-size:30px;
}
.red{
color:red;
font-size:20px;
font-style: italic;
}
.green{
color:green;
font-size:25px;
}
</style>
</head>
<body>
<p class="blue">蓝色正文内容！</p>
<p class="red">红色正文内容！</p>
<p class="green">绿色正文内容！</p>
<h1 class="blue">h1 标记同样有效 ！</h1>
</body>
</html>
```

**注意：**

其中类别.blue 使用了两次，分别应用于 p 标记和 h1 标记。

### 3.2.3 ID 选择器

属于用户自定义名称选择器，可理解为一个标识，为标有特定 id 的 HTML 元素指定特定的样式，id 选择器以 "#" 来定义，如图 3-8 所示。

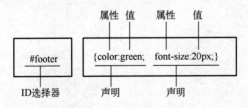

图 3-8 ID 选择器的声明

**说明：**

ID 选择器主要是用来识别网页中的特殊部分，比如横幅、导航栏或者网页主要内容区块等。和类选择器一样，创建 ID 选择器时，也需要在 CSS 中给它命名，然后将这个 ID 添加到网页的 HTML 代码中来应用它。那怎么选择使用类别选择器还是 ID 选择器呢？

① 要在一张网页上多次使用某一种样式时，必须使用类选择器。例如，当网页上要对很多张图片添加上边框线。

② 网页只需出现一次的特别说明，就选用 ID 选择器。

③ 考虑用 ID 选择器来避免其他样式的冲突。因为 Web 浏览器给 ID 选择器高于类选择器的优先权。例如：当浏览器见到有两个样式应用于同一标记，但它们指定了不同的背景颜色时，就会优先采用 ID 选择器中指定的背景颜色。

【例 3-4】 ID 选择器的应用（第 3 章\3-5.html）。其效果如图 3-9 所示。

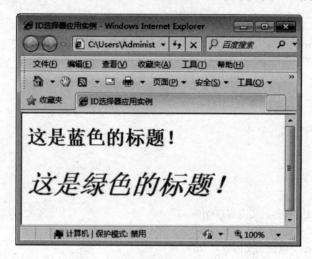

图 3-9  ID 选择器声明效果

代码如下：

```
<html>
<head>
<title>ID 选择器应用实例</title>
<style type="text/css">
#blue{
color:blue;
font-size:30px;
}
#green{
color:green;
font-size:40px;
font-style: italic;
}
</style>
</head>
<body>
<h1 id="blue">这是蓝色的标题！</h1>
<h2 id="green">这是绿色的标题！</h2>
</body>
</html>
```

注意：
两个标题使用了不同的 ID 来进行声明，且只能应用一次。

## 3.3 选择器的声明

为了提高效率，可以对选择器进行分组，这样，被分组的选择器就可以分享相同的声明。本节主要介绍选择器的分组及嵌套。

### 3.3.1 分组

在声明 CSS 选择器时，如果某些选择器具有相同的属性和值，或部分相同，就可以用分组的方法进行同时声明，并用"逗号"将需要分组的选择器分开。

【例 3-5】 选择器的分组（第 3 章\3-6.html）。其效果如图 3-10 所示。

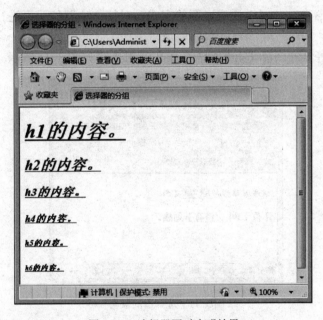

图 3-10　选择器同时声明效果

说明：
本例中对所有的标题元素进行分组声明，全部是倾斜并有下划线的样式。
代码如下：

```
<html>
<head>
<title>选择器的分组</title>
<style type="text/css">
h1,h2,h3,h4,h5,h6{
font-style:italic;
text-decoration: underline;
}
```

```
</style>
</head>
<body>
<h1>h1 的内容。</h1>
<h2>h2 的内容。</h2>
<h3>h3 的内容。</h3>
<h4>h4 的内容。</h4>
<h5>h5 的内容。</h5>
<h6>h6 的内容。</h6>
</body>
</html>
```

### 3.3.2 嵌套

在 CSS 选择器中，还可以通过嵌套的方式，对特殊位置的元素进行声明，使代码更简洁。

【例 3-6】 选择器的嵌套（第 3 章\3-7.html）。其效果如图 3-11 所示。

图 3-11 选择器的嵌套

说明：

p 标记的样式为倾斜，对 p 标记中的 b 标记的样式定义为文字大小为 24 px，颜色为红色并有下划线。而单独的 b 标记没有定义。

代码如下：

```
<html>
<head>
<meta http-equiv="Content-Type" content="text/HTML; charset=utf-8" />
<title>选择器的嵌套</title>
<style type="text/css">
p{
font-style:italic;
}
```

```
p b{
font-size:24px;
text-decoration:underline;
color:red;
}
</style>
</head>
<body>
<p>这是选择器的<b>嵌套</b>实例。</p>
<b>不位于 P 中，没有下划线。</b>
</body>
</html>
```

## 3.4 CSS 调用

CSS 可以多种方式灵活地应用到所设计 HTML 页面之中，按其位置不同包括行内样式、内嵌式、链接式和导入式等。

### 3.4.1 行内样式表

行内样式表定义在 HTML 标记中，只对所在的标记有效。当样式仅需要在一个元素上应用一次时，可以使用行内样式。

由于要将表现和内容混杂在一起，行内样式表会损失掉样式表的许多优势，其语法结构如下：

<元素名称 style="属性:属性值"></元素名称>

其中 style 属性可以包含任何 CSS 属性。

【例 3-7】 行内样式表应用实例（第 3 章\3-8.html）。其效果如图 3-12 所示。

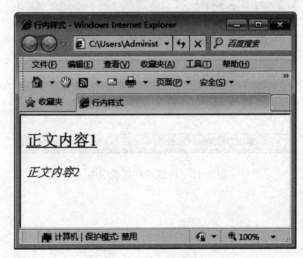

图 3-12 行内样式表应用

说明：

其中第 1 个<p>标记设置了字号大小为 24 px，并有下划线；第 2 个<p>标记设置了字号大小为 18 px，样式为斜体，颜色为红色。

代码如下：

```
<html>
<head>
<title>行内样式</title>
</head>
<body>
<p style="font-size:24px; text-decoration:underline">正文内容 1</p>
<p style="font-size:18px; font-style:italic; color:red">正文内容 2</p>
</body>
</html>
```

注意：

虽然这种方法比较直接，在制作页面的时候需要为很多的标记设置 style 属性，所以会导致 HTML 页面不够纯净，文件体积过大，不利于搜索蜘蛛爬行，从而导致后期维护成本高。

### 3.4.2 内嵌式样式表

内嵌方式就是将 CSS 代码写在<head></head>之间，并且用<style></style>进行声明。

【例 3-8】 内嵌式样式表应用实例（第 3 章\3-9.html）。其效果如图 3-13 所示。

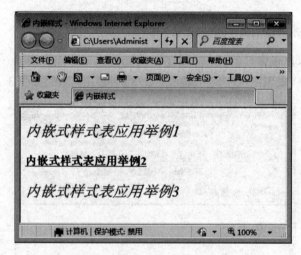

图 3-13 内嵌式样式表应用

代码如下：

```
<html>
<head>
<title>内嵌样式</title>
```

```
<style type="text/css">
p{
font-size:24px;
color:blue;
font-style:italic;
}
h1{
text-decoration:underline;
font-size:18px;
}
</style>
</head>
<body>
<p>内嵌式样式表应用举例 1</p>
<h1>内嵌式样式表应用举例 2</h1>
<p>内嵌式样式表应用举例 3</p>
</body>
</html>
```

注意:

使用内嵌方式,即使有公共 CSS 代码,也是每个页面都要定义的,如果一个网站有很多页面,每个文件都会变大,后期维护工作量也大。如果文件很少,CSS 代码也不多,这种方式还是很不错的。

### 3.4.3 链接式样式表

链接式样式表将 HTML 文件和 CSS 文件彻底分离,实现了页面 HTML 代码与美工样式表 CSS 代码的完全分离,使得前期制作和后期维护都十分方便。使用链接式样式表的方式修改网页外观,只要修改单独的 CSS 样式文件,并且同一个样式文件可以重复应用于多个网页。链接式样式表是使用频率最高、最实用的方式。

采用链接的形式调用 CSS,写法如下:

```
<link href="css 文件路径 " type="text/css" rel="stylesheet" />
```

rel="stylesheet"指这个 link 和其 href 之间的关联样式为样式表文件。
type="text/css"指文件类型是样式表文本。
如单独编写好的样式文件命名为 1.css,应用时在<head></head>之间加上相应的属性即

```
<link href="1.css" type="text/css" rel="stylesheet" />。
```

【例 3-9】 链接式样式表的应用实例(第 3 章\3-10.html)。其效果如图 3-14 所示。
代码如下:

```
<html>
<head>
<title>链接式样式表</title>
```

```
<link href="1.css" type="text/css" rel="stylesheet" />
</head>
<body>
<p>链接式样式表应用举例 1</p>
<h1>链接式样式表应用举例 2</h1>
<p>链接式样式表应用举例 3</p>
</body>
</html>
```

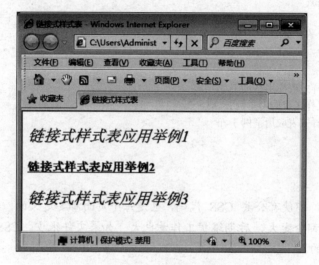

图 3-14  链接式样式表的应用

未创建样式文件 1.css 时 3-10.html 文件的显示效果如图 3-15 所示。

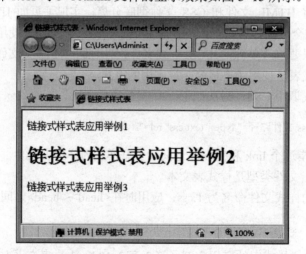

图 3-15  没有样式的显示效果

创建 1.css，并与 3-10.HTML 放在同一文件夹中，代码如下：

```
p{
font-size:24px;
```

```
color:blue;
font-style:italic;
}
h1{
text-decoration:underline;
font-size:18px;
}
```

在浏览器中再次浏览 3-10.html 文件,会发现已有 CSS 设置的显示效果。

## 3.4.4 导入样式表

导入样式表与链接样式表类似,只是语法使用 import 方式导入。

使用@import 调用 CSS 的语法结构:

```
<style type="text/css" >
  @import url(css 文件路径);
</style>
```

**说明:**
- 导入的调用方法也可以写在 CSS 文件中,用来调用其他的 CSS。
- 使用 import 导入样式表和使用 link 链接样式表的区别在于:采用 import 方式导入的样式文件,在 HTML 页面初始化时会被导入到 HTML 文件内,作为文件的一部分,类似于内嵌式;而链接式样式表则是在需要时才以链接的方式导入。

【例 3-10】 导入样式表应用实例(第 3 章\3-11.html)。

**说明:**

其中第 1 个<p>标记设置了字号大小为 24 px 并有下划线,第 2 个<p>标记设置了字号大小为 18 px,样式为斜体,颜色为红色。

代码如下:

```
<html>
<head>
<meta http-equiv="Content-Type" content="text/HTML; charset=utf-8" />
<title>链接式样式表</title>
<style type="text/css">
@import url(1.css);
</style>
</head>
<body>
<p>链接式样式表应用举例 1</p>
<h1>链接式样式表应用举例 2</h1>
<p>链接式样式表应用举例 3</p>
</body>
</html>
```

## 3.5 应用实例——为页面添加 CSS 样式

本节通过一个简单的实例,初步了解 CSS 控制页面的方法,对于一些具体的语句不必深究,在后面的章节中会详细讲解。实例的最终效果如图 3-16 所示。

图 3-16 实例效果图

### 3.5.1 设计分析

本例制作中,采用链接式样式表来控制页面元素。这样就需要建立 HTML 和 CSS 两个文件。

HTML 文件利用相应的标记建立标题(h1 标记)、图片(img 标记)和正文(p 标记)三个部分,未添加 CSS 的效果如图 3-17 所示。

图 3-17 HTML 效果

在 CSS 样式文件中，为 body 标记设置背景颜色。

```
body{
    background-color:#B6F3C6          /*设置背景颜色*/
}
```

为了突出图片效果，添加了 border 属性来制作边框。制作中希望边框和图片间有一定的距离，利用 padding 属性设置内边距。

对于正文部分，引入类别选择器为该段正文命名为 content 并单独设置 CSS 样式，这样即使页面中有其他的<p>标记，也不会影响 CSS 样式。

## 3.5.2 制作步骤

步骤 1：选择"开始"，然后依次选择"程序"→"Adobe"→"Adobe Dreamweaver CS5"→"新建"→"HTML"命令。

步骤 2：在代码窗口中输入如下代码：

```
<!DOCTYPE html PUBLIC "-//W3C//DTD XHTML 1.0 Transitional//EN" "http://www.w3.org/TR/xhtml1/DTD/xhtml1-transitional.dtd">
<html xmlns="http://www.w3.org/1999/xhtml">
<head>
<meta http-equiv="Content-Type" content="text/html; charset=utf-8" />
<title>CSS 应用实例</title>
<link href="2.css" type="text/css" rel="stylesheet" />
</head>
<body>
<h1>端午节</h1>
<img src="1.jpg" width="350" height="234" />
<p class="content">端午节是南方沿海一带上古先民创立用于拜祭龙祖的节日。因传说战国时期的楚国诗人屈原在五月五日跳汨罗江自尽，后来人们亦将端午节作为纪念屈原的节日。端午节有吃粽子、赛龙舟、挂艾叶、熏苍术、拴五色丝线以及喝雄黄酒等习俗。</p>
</body>
</html>
```

步骤 3：编写完成后保存。

步骤 4：选择菜单"新建"→"CSS"命令，建立一个 CSS 文件，如图 3-18 所示。

步骤 5：在代码窗口中输入如下代码：

```
body{
    background-color:#B6F3C6          /*设置背景颜色*/
}
h1{                                   /*标题部分*/
    font-size:40px;                   /* 字号 */
    color:red;                        /* 文字颜色 */
    font-weight:bold;                 /* 粗体 */
```

图 3-18 建立 CSS 文件

```
            text-align:center;              /* 居中 */
            text-decoration:underline;      /*下划线*/
        }
        img{                                /*图片部分*/
            float:left;                     /*图片向左浮动,实现图文混排*/
            padding:10px;                   /*边距*/
            border:2px yellow solid;        /* 边框 */
        }
        .content{                           /*正文部分*/
            font-size:20px;                 /* 字号 */
            color:#000099;                  /* 文字颜色 */
        }
```

步骤 6：编写完成后以文件名 2.CSS 与 HTML 文件保存在同一个文件夹中。

步骤 7：在浏览器中浏览 HTML 文件。

# 习题

1. 举例说明 CSS 的基本语法结构。
2. CSS 的选择器有哪几种？总结其使用方法。
3. CSS 的调用方式有哪些？总结其优缺点及应用场合。
4. 自己制作一个网页使用链接方式调用其 CSS 样式。

# 第 4 章 文字效果

在 HTML 中已经对如何使用文字做了详细的介绍，所不同的是，CSS 的文字样式更加丰富，实用性更强，而文字是网页设计永远不可缺少的元素，各种各样的文字效果遍布在整个因特网中。本章以 CSS 的样式从基础的文字设置出发，详细讲解 CSS 设置文字效果的方法，然后进一步讲解段落排版的内容。

## 4.1 文字的基本样式

使用过 Word 编辑文档的用户一定都会注意到，Word 可以对文字的字体、大小和颜色等各种属性进行设置。CSS 同样也可以对 HTML 页面中的文字进行全方位的设置。本节在前面内容的基础上主要介绍 CSS 设置文字各种属性的基本方法。

### 4.1.1 字体样式

在 HTML 中，设置文字的字体要通过<font>标记的 font-family 属性来设置。而在 CSS 中，字体是通过 font-family 属性来控制的。其语法结构如下：

选择器{font-family:属性字体名称；}

如果同时选择几种字体，则按照优先级依次排列。每个字体名称之间用逗号分隔开。如果某个字体的名称中含有空格，要用引号括起来。下面是一个用字体选择属性的示例。

【例 4-1】 设置字体样式（第 4 章\4-1.html）。其效果如图 4-1 所示。

图 4-1 文字字体

说明：

上面的图片效果标题是黑体，而正文是 Arial 字体，署名是楷体。

其 CSS 代码如下：

```
h2{  font-family:黑体；}
p{ font-family:Arial;}
p.kaiti{font-family:楷体_GB2312;}
```

代码如下：

```
<html>
<head>
    <title>文字字体</title>
<style>
<!--
h2{
    font-family:黑体, 幼圆;
}
p{
    font-family:Arial, Helvetica, sans-serif;
}
p.kaiti{
    font-family:楷体_GB2312, "Times New Roman";
}
-->
</style>
    </head>
<body>
    <h2>中秋节的来历</h2>
    <p>中秋节有悠久的历史，和其他传统节日一样，也是慢慢发展形成的。古代帝王有春天祭日，秋天祭月的礼制。早在《周礼》一书中，已经有"中秋"一词的记载。后来贵族和文人学士也仿效起来，在中秋时节，对着天上又亮又圆的一轮皓月，观赏祭拜，寄托情怀。这种习俗就这样传到民间，逐渐形成一个传统活动。到了唐代，这种祭月的风俗更被人们重视，中秋节才成为固定的节日。至明清时，中秋节与元旦齐名，成为我国的主要节日之一。</p>
        <p class="kaiti">作者: isbbc</p>
</body>
</html>
```

## 4.1.2 字体颜色

文字的各种颜色配合其他页面元素组成了整个五彩缤纷的页面，在 CSS 中文字的颜色是通过 color 属性设置的。

下面的几种方法都是将文字颜色设置成蓝色。

```
p{color:blue；}
p{color:#00f；}
p{color:#0000ff；}
p{color:rgb(0,0,255)；}
p{color:rgb(0%,0%,100%)；}
```

【例 4-2】 设置字体颜色（第 4 章\4-2.html）。其效果如图 4-2 所示。

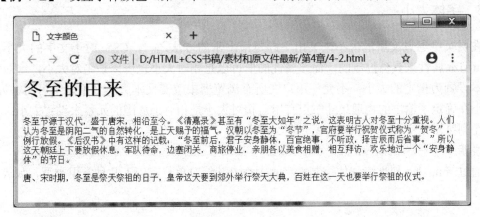

图 4-2 文字颜色

**说明：**

在 CSS 中文字的颜色是通过 color 属性设置的。在设置某一个段落文字的颜色时，通常可以利用<span>标记，将需要的部分进行单独标注，然后再设置<span>标记的颜色属性。

代码如下：

```
<html>
<head>
    <title>文字颜色</title>
<style>
<!--
h2{ color:rgb(0%,0%,80%); }
p{
    color:#333333;
    font-size:13px;
}
p span{ color:blue; }
-->
</style>
    </head>
<body>
        <h2>冬至的由来</h2>
            <p><span>冬至</span>过节源于汉代，盛于唐宋，相沿至今。《清嘉录》甚至有"<span>冬至</span>大如年"之说。这表明古人对<span>冬至</span>十分重视。人们认为<span>冬至</span>是阴阳二气的自然转化，是上天赐予的福气。汉朝以<span>冬至</span>为"冬节"，官府要举行祝贺仪式称为"贺冬"，例行放假。《后汉书》中有这样的记载："<span>冬至</span>前后，君子安身静体，百官绝事，不听政，择吉辰而后省事。"所以这天朝廷上下要放假休息，军队待命，边塞闭关，商旅停业，亲朋各以美食相赠，相互拜访，欢乐地过一个"安身静体"的节日。</p>
            <p>唐、宋时期，<span>冬至</span>是祭天祭祀祖的日子，皇帝在这天要到郊外举行祭天大典，百姓在这一天也要举行祭祖的仪式。</p>
    </body>
</html>
```

## 4.1.3 字体大小

在网页中通过文字的大小来突出主题是最平常的方法之一，CSS 对于文字的大小是通过 font-size 属性来具体控制的，而该属性的值可以是相对大小也可以是绝对大小，绝对大小将文本设置为指定的大小；不允许用户在所有浏览器中改变文本大小（不利于可用性）；绝对大小在确定了输出的物理尺寸时很有用。相对大小是相对于周围的元素来设置大小；允许用户在浏览器改变文本大小。首先介绍绝对大小。

说明：

通过 font-size 属性来具体控制文字的大小，其绝对单位有以下几种常用类型，如表 4-1 所示。

表 4-1 绝对类型的单位

| 绝对单位 | 说明 |
| --- | --- |
| in（英寸） | 不是国际标准单位，平时极少使用 |
| cm（厘米） | 国际标准单位，较少用 |
| mm（毫米） | 国际标准单位，较少用 |
| pt（点数） | 最基本的显示单位，较少用 |
| pc（印刷单位） | 应用在印刷行业中，1 pc=12 pt |

以上介绍了几种单位，其实在网页中已经默认以像素为单位，这样在交流或制作过程中较为方便。

【例 4-3】 字体大小绝对单位（第 4 章\4-3.html）。效果如图 4-3 所示。

图 4-3 绝对单位

代码如下：

```
<html>
<head>
    <title>绝对单位</title>
<style>
```

```
<!--
p.inch{ font-size: 0.5in; }
p.cm{ font-size: 0.5cm; }
p.mm{ font-size: 4mm; }
p.pt{ font-size: 12pt; }
p.pc{ font-size: 2pc; }
-->
</style>
    </head>
<body>
        <p class="inch">in 英寸，0.5in</p>
        <p class="cm">cm 厘米，0.5cm</p>
        <p class="mm">mm 毫米，4mm</p>
        <p class="pt">pt 点数，12pt</p>
        <p class="pc">pc 印刷单位，2pc</p>
</body>
</html>
```

【例 4-4】 字体绝对大小的关键字（第 4 章\4-4.html）。其效果如图 4-4 所示。

图 4-4  字体绝对大小的关键字

说明：

CSS 还提供了一些绝对大小的关键字，可作为 font-size 的值，关键字一共 7 个，分别是 xx-small、x-small、small、medium、large、x-large、xx-large。

代码如下：

```
<html>
<head>
        <title>绝对大小的关键字</title>
<style>
<!--
p.one{ font-size:xx-small; }
p.two{ font-size:x-small; }
p.three{ font-size:small; }
```

```
p.four{ font-size:medium; }
p.five{ font-size:large; }
p.six{ font-size:x-large; }
p.seven{ font-size:xx-large; }
-->
</style>
    </head>
<body>
    <p class="one">文字大小，xx-small</p>
    <p class="two">文字大小，x-small</p>
    <p class="three">文字大小，small</p>
    <p class="four">文字大小，medium</p>
    <p class="five">文字大小，large</p>
    <p class="six">文字大小，x-large</p>
    <p class="seven">文字大小，xx-large</p>
</body>
</html>
```

【例 4-5】 字体相对大小（第 4 章\4-5.html）。其效果如图 4-5 所示。

图 4-5 字体相对大小

**说明：**

在图 4-5 效果图中，"px"表示具体的像素，其显示大小与显示器的分辨率高低有关。在相对单位中，有时采用"%"和"em"都是相对于父标记而言的比例。如果没有设置父标记的字体大小，则相对于浏览器的默认值。

代码如下：

```
<html>
<head>
    <title>文字大小相对值</title>
<style>
<!--
p.one{
font-size:20px;              /* 像素，实际显示大小与分辨率高低有关，是很常用的方式 */
}
p.one span{
    font-size:200%;          /* 在父标记的基础上 200% */
}
```

```
       p.two{
            font-size:30px;
       }
       p.two span{
            font-size: 0.5em;              /* 在父标记的基础上×0.5 */
       }
       -->
       </style>
          </head>
       <body>
              <p class="one">文字大小<span>相对值</span>，20px。</p>
              <p class="two">文字大小<span>相对值</span>，30px。</p>
       </body></html>
```

## 4.1.4 字体加粗

在 HTML 语言中可以通过添加<b>标记或者<strong>标记将文字设置为粗体。在 CSS 中使用 font-weight 属性控制文字的粗细，可以将文字的粗细细致地划分，更重要的是 CSS 还可以将本身是粗体的文字变为正常的粗细。

说明：

从 CSS 规范来说，font-weight 属性可以设置很多不同的值，从而对文字设置不同的粗细，如表 4-2 所示。

表 4-2  font-weight 属性的设置值

| 设置值 | 说明 |
| --- | --- |
| normal | 正常粗细 |
| bold | 粗体 |
| bolder | 加粗体 |
| lighter | 比正常粗细还细 |
| 100-900 | 共有 9 个层次（100，200，…，900），数字越大字体越粗 |

【例 4-6】 字体加粗（第 4 章\4-6.html）。其效果如图 4-6 所示。

代码如下：

```
<html>
<head>
       <title>文字粗体</title>
<style>
<!--
h1 span{ font-weight:lighter;}
span{ font-size:28px; }
span.one{ font-weight:100; }
span.two{ font-weight:200; }
```

```
span.three{ font-weight:300; }
span.four{ font-weight:400; }
span.five{ font-weight:500; }
span.six{ font-weight:600; }
span.seven{ font-weight:700; }
span.eight{ font-weight:800; }
span.nine{ font-weight:900; }
span.ten{ font-weight:bold; }
span.eleven{ font-weight:normal; }
-->
</style>
    </head>
<body>
    <h1>文字<span>粗</span>体</h1>
    <span class="one">文字粗细:100</span><br>
    <span class="two">文字粗细:200</span><br>
    <span class="three">文字粗细:300</span><br>
    <span class="four">文字粗细:400</span><br>
    <span class="five">文字粗细:500</span><br>
    <span class="six">文字粗细:600</span><br>
    <span class="seven">文字粗细:700</span><br>
    <span class="eight">文字粗细:800</span><br>
    <span class="nine">文字粗细:900</span><br>
    <span class="ten">文字粗细:bold</span><br>
    <span class="eleven">文字粗细:normal</span>
</body>
</html>
```

图 4-6  字体加粗

## 4.1.5  字体倾斜

在 CSS 中也可以定义文字是否显示斜体,通过设置 font-style 属性。其语法结构如下:

选择器{font-style:normal | italic | oblique;}

设置斜体,只要把 font-style 属性设置为 italic 或 oblique 即可,要把变为斜体的文字设置成正常,则要把 font-style 属性设置为 normal。

【例 4-7】 字体倾斜(第 4 章\4-7.html)。其效果如图 4-7 所示。

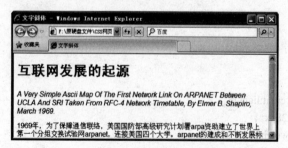

图 4-7  字体倾斜

代码如下:

```html
<html>
<head>
    <title>文字斜体</title>
<style type="text/css">
<!--
h1{font-family:黑体;}
p{font-family: Arial, "Times New Roman"}
#p1{font-style:italic;
text-transform:capitalize;}
#p2{
text-transform:lowercase;}
-->
</style>
</head>
<body>
<h1>互联网发展的起源</h1>
<p id="p1">A very simple ascii map of the first network link on ARPANET between UCLA and SRI taken from RFC-4 Network Timetable, by Elmer B. Shapiro, March 1969.</p>
<p id="p2">1969 年,为了保障通信联络,美国国防部高级研究计划署 ARPA 资助建立了世界上第一个分组交换试验网 ARPANET,连接美国四个大学。ARPANET 的建成和不断发展标志着计算机网络发展的新纪元。</p>
</body>
</html>
```

### 4.1.6 字体下划线、顶划线、删除线

在 CSS 中也可以定义文字是否显示下划线、顶划线和删除线,通过设置 text-decoration 属性来实现这些特殊效果。其语法结构如下:

选择器{text-decoration:none | underline | overline | line-through | blink;}

其中各参数的含义如下。
- none 没有任何修饰;
- underline 表示下划线;
- overline 表示顶划线;
- line-through 表示删除线;
- blink 表示闪烁效果。

【例 4-8】 文字下划线、顶划线、删除线(第 4 章\4-8.html)。其效果如图 4-8 所示。
代码如下:

```html
<html>
<head>
    <title>文字下划线、顶划线、删除线</title>
```

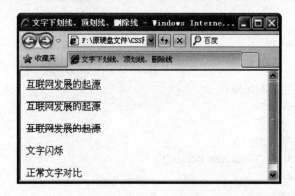

图 4-8  文字下划线、顶划线、删除线

```
<style>
<!--
p.one{ text-decoration:underline; }            /*  下划线   */
p.two{ text-decoration:overline; }             /*  顶划线   */
p.three{ text-decoration:line-through; }       /*  删除线   */
p.four{ text-decoration:blink; }               /*  闪烁    */
-->
</style>
    </head>
<body>
    <p class="one">互联网发展的起源</p>
    <p class="two">互联网发展的起源</p>
    <p class="three">互联网发展的起源</p>
    <p class="four">文字闪烁</p>
    <p>正常文字对比</p>
</body>
</html>
```

## 4.1.7  英文字母大小写转换

在 CSS 中也可以对英文的字母进行大小写转换，通过设置 text-transform 属性来实现。其语法结构如下：

选择器{text-transform: capitalize|uppercase | lowercase;}

其中各参数的含义如下。
- Capitalize 表示单词首字母大写；
- Uppercase 表示全部大写；
- Lowercase 表示全部小写。

【例 4-9】  英文字母大小写转换（第 4 章\4-9.html）。其效果如图 4-9 所示。
代码如下：

```
<html>
```

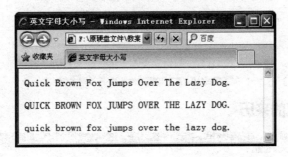

图 4-9 英文字母大小写转换

```
<head>
    <title>英文字母大小写</title>
<style>
<!--
p{ font-size:17px; }
p.one{ text-transform:capitalize; }    /* 单词首字大写 */
p.two{ text-transform:uppercase; }     /* 全部大写 */
p.three{ text-transform:lowercase; }   /* 全部小写 */
-->
</style>
    </head>
<body>
<p class="one">quick brown fox jumps over the lazy dog.</p>
<p class="two">quick brown fox jumps over the lazy dog.</p>
<p class="three">QUICK Brown Fox JUMPS OVER THE LAZY DOG.</p>
</body>
</html>
```

## 4.2 文本效果

文本段落是由一个个文字组合成的，同样是网页中十分重要的组成部分，因此前面提到的文字属性对段落同样适用。但 CSS 针对段落也提供了很多样式属性。本节将通过实例进行详细介绍。

### 4.2.1 行距

在使用 Word 编辑文档时，可以很轻松地设置行间距，在 CSS 中通过 line-height 属性同样可以轻松地实现行距的设置。在 CSS 中，line-height 的值表示的是两行文字之间基线的距离。如果给文字加上下划线，那么下划线的位置就是文字的基线。

说明：

line-height 的值跟 CSS 中所有具体数值的属性一样，可以设定为相对数值，也可以设置为绝对数值。在静态网页中，文字大小固定时常常使用绝对数值，达到统一的效果。而对于论坛和博客这些可以由用户自定义字体大小的页面，通常设定为相对数值，可以随着用户自定义的字体大小而改变相应的行距。

【例 4-10】 行距（第 4 章\4-10html）。其效果如图 4-10 所示。

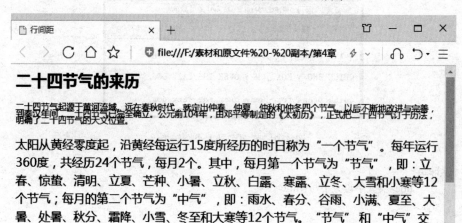

图 4-10 行距

代码如下：

```html
<html>
<head>
<title>行距</title>
<style>
<!--
p.one{
    font-size:10pt;
    line-height:8pt;           /* 行距，绝对数值，行距小于字体大小 */
}
p.second{ font-size:18px; }
p.third{ font-size:10px; }
p.second, p.third{
    line-height: 1.5em;        /* 行距，相对数值 */
}
-->
</style>
</head>
<body>
<h2>二十四节气的来历</h2>
<p class="one">二十四节气起源于黄河流域。远在春秋时代，就定出仲春、仲夏、仲秋和仲冬四个节气。以后不断地改进与完善，到秦汉年间，二十四节气已完全确立。公元前 104 年，由邓平等制定的《太初历》，正式把二十四节气订于历法，明确了二十四节气的天文位置。</p>
<p class="second">太阳从黄经零度起，沿黄经每运行 15 度所经历的时日称为"一个节气"。每年运行 360 度，共经历 24 个节气，每月 2 个。其中，每月第一个节气为"节气"，即：立春、惊蛰、清明、立夏、芒种、小暑、立秋、白露、寒露、立冬、大雪和小寒等 12 个节气；每月的第二个节气为"中气"，即：雨水、春分、谷雨、小满、夏至、大暑、处暑、秋分、霜降、小雪、冬至和大寒等 12 个节气。"节气" 和"中气"交替出现，各历时 15 天，现在人们已经把"节气"和"中气"统称为"节气"。</p>
```

```
            <p class="third">二十四节气反映了太阳的周年运动,所以节气在现行的公历中日期基本固
定,上半年在 6 日、21 日,下半年在 8 日、23 日,前后不差 1~2 天。</p>
        </body>
    </html>
```

## 4.2.2 文字与单词间距

在英文中,文本是由单词构成的,而单词是由字母构成的,因此对于英文文本来说,要控制文本的疏密程度,需要从两个方面考虑,即设置单词内部的字母间距和单词之间的距离。

在 CSS 中可以通过 letter-spacing 和 word-spacing 这两个属性分别控制字母间距和单词间距,如果将 letter-spacing 属性设置成负值,单词就比正常情况更加紧密地排列在一起。

【例 4-11】 单词间距(第 4 章\4-11.html)。其效果如图 4-11 所示。

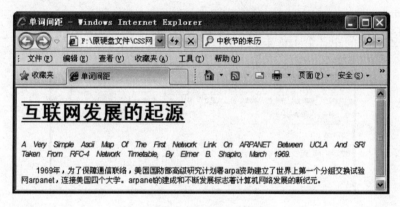

图 4-11 单词间距

代码如下:

```
    <html>
    <head>
    <title>单词间距</title>
    <style type="text/css">
    <!--
    h1{font-family:黑体;
    text-decoration:underline overline;
        }
    p{ font-family: Arial, "Times New Roman";
        font-size:12px;}
    #p1{
        font-style:italic;
        text-transform:capitalize;
        word-spacing:10px;
        letter-spacing:-1px;
        }
```

```
            #p2{
                text-transform:lowercase;
                text-indent:2em;
                }
            -->
            </style>
        </head>
        <body>
            <h1>互联网发展的起源</h1>
            <p id="p1">A very simple ascii map of the first network link on ARPANET between UCLA and SRI taken from RFC-4 Network Timetable, by Elmer B. Shapiro, March 1969.</p>
            <p id="p2">1969 年,为了保障通信联络,美国国防部高级研究计划署 ARPA 资助建立了世界上第一个分组交换试验网 ARPANET,连接美国四个大学。ARPANET 的建成和不断发展标志着计算机网络发展的新纪元。</p>
        </body>
    </html>
```

【例 4-12】 字间距（第 4 章\4-12.html）。其效果如图 4-12 所示。

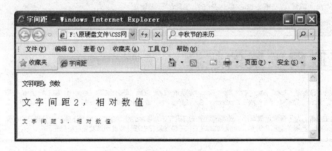

图 4-12 字间距

**说明:**

对于中文而言,如果要调整汉字之间的距离,需要设置 letter-spacing 属性,而不是 word-spacing 属性。letter-spacing 属性除了可以使用相对数值和绝对数值外,还可以使用负数来实现文字重叠的效果。

代码如下:

```
<html>
<head>
<title>字间距</title>
<style>
<!--
p.one{
    font-size:10pt;
    letter-spacing:-2pt;                    /* 字间距,绝对数值,负数 */
}
p.second{ font-size:18px; }
p.third{ font-size:11px; }
p.second, p.third{
```

```
            letter-spacing: .5em;              /* 字间距，相对数值 */
        }
        -->
        </style>
    </head>
<body>
        <p class="one">文字间距 1，负数</p>
        <p class="second">文字间距 2，相对数值</p>
        <p class="third">文字间距 3，相对数值</p>
    </body>
</html>
```

### 4.2.3 首行缩进

根据中文排版习惯，每个正文段落的首行的开始处应该保持两个中文字的空白，把 Web 页面上的段落的第一行缩进，这是一种最常用的文本格式化效果。在 CSS 中专门有一个 text-indent 属性可以控制段落的首行缩进和缩进的距离。

【例 4-13】 首行缩进（第 4 章\4-13.html）。其效果如图 4-13 所示。

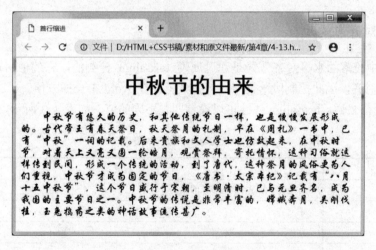

图 4-13 首行缩进

**说明：**

text-indent 属性只可以设置各种长度为属性值，为了缩进两个字的距离，最经常用的是"2em"这个距离。如果设置成"-2em"就是悬挂缩进两个字符。

代码如下：

```
<html>
<head>
<title>首行缩进</title>
<style type="text/css">
<!--
h1{font-family:黑体;
```

```
        }
p{ font-family:"华文行楷";
    font-size:20px;}
#p1{
    text-indent:2em;
    }
-->
</style>
</head>
<body>
<h1 align="center">中秋节的由来</h1>
<p id="p1">中秋节有悠久的历史,和其他传统节日一样,也是慢慢发展形成的。古代帝王有春天祭日,秋天祭月的礼制,早在《周礼》一书中,已有"中秋"一词的记载。后来贵族和文人学士也仿效起来,在中秋时节,对着天上又亮又圆一轮皓月,观赏祭拜,寄托情怀,这种习俗就这样传到民间,形成一个传统的活动,到了唐代,这种祭月的风俗更为人们重视,中秋节才成为固定的节日,《唐书·太宗本纪》记载有"八月十五中秋节",这个节日盛行于宋朝,至明清时,已与元旦齐名,成为我国的主要节日之一。中秋节的传说是非常丰富的,嫦娥奔月,吴刚伐桂,玉兔捣药之类的神话故事流传甚广。</p>
</body></html>
```

### 4.2.4 水平对齐方式

在 CSS 中段落的水平对齐方式是通过属性 text-align 控制的,它的值可以设置成左、中、右和两端对齐,因此控制段落文字对齐方式就像在 Word 中一样方便。

从 CSS 规范来说,text-align 属性可以设置四种不同的值,如表 4-3 所示。

表 4-3  text-align 属性的设置值

| 设置值 | 说明 |
| --- | --- |
| left | 左对齐,也是浏览器默认的 |
| right | 右对齐 |
| center | 居中对齐 |
| justify | 两端对齐 |

【例 4-14】 水平对齐(第 4 章\4-14.html)。其效果如图 4-14 所示。
代码如下:

```
<html>
<head>
    <title>水平对齐</title>
<style>
<!--
p{ font-size:12px; }
p.left{ text-align:left; }          /* 左对齐 */
p.right{ text-align:right; }        /* 右对齐 */
```

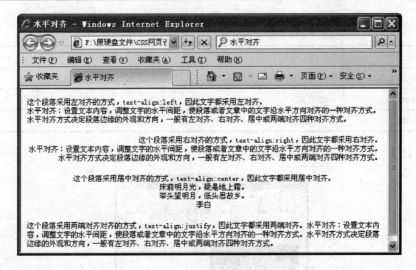

图 4-14 水平对齐

```
            p.center{ text-align:center; }           /* 居中对齐 */
            p.justify{ text-align:justify; }         /* 两端对齐 */
            -->
        </style>
    </head>
    <body>
        <p class="left">
            这个段落采用左对齐的方式，text-align:left，因此文字都采用左对齐。<br> 水平对齐：设置文本内容，调整文字的水平间距，使段落或者文章中的文字沿水平方向对齐的一种对齐方式。水平对齐方式决定段落边缘的外观和方向，一般有左对齐、右对齐、居中或两端对齐四种对齐方式。</p>
        <p class="right">
            这个段落采用右对齐的方式，text-align:right，因此文字都采用右对齐。<br> 水平对齐：设置文本内容，调整文字的水平间距，使段落或者文章中的文字沿水平方向对齐的一种对齐方式。水平对齐方式决定段落边缘的外观和方向，一般有左对齐、右对齐、居中或两端对齐四种对齐方式。
        </p>
        <p class="center">
            这个段落采用居中对齐的方式，text-align:center，因此文字都采用居中对齐。<br>
            床前明月光，疑是地上霜。<br>举头望明月，低头思故乡。<br>李白</p>
        <p class="justify">这个段落采用两端对齐对齐的方式，text-align:justify，因此文字都采用两端对齐。水平对齐：设置文本内容，调整文字的水平间距，使段落或者文章中的文字沿水平方向对齐的一种对齐方式。水平对齐方式决定段落边缘的外观和方向，一般有左对齐、右对齐、居中或两端对齐四种对齐方式。</p></body></html>
```

## 4.2.5 垂直对齐方式

在 CSS 中段落的垂直对齐方式是通过属性 vertical-align 控制的，它对于文字本身而言，该属性对于块级元素并不起作用，如<p>和<div>等标记。但对于表格而言这个属性则显得十分重要。

从 CSS 规范来说，vertical-align 属性可以设置三种不同的值，如表 4-4 所示。

表 4-4  vertical-align 属性的设置值

| 设置值 | 说明 |
| --- | --- |
| top | 顶端对齐 |
| bottom | 底端对齐 |
| middle | 中间居中对齐 |

【例 4-15】 垂直对齐（第 4 章\4-15.html）。其效果如图 4-15 所示。

图 4-15  垂直对齐

代码如下：

```
<html>
<head>
    <title>垂直对齐</title>
<style>
<!--
td.top{ vertical-align:top; }          /* 顶端对齐 */
td.bottom{ vertical-align:bottom; }    /* 底端对齐 */
td.middle{ vertical-align:middle; }    /* 中间对齐 */
-->
</style>
    </head>
<body>
<table cellpadding="2" cellspacing="0" border="1">
    <tr>
```

```
            <td><img src="01.jpg" border="0"></td>
            <td class="top">垂直对齐方式，top</td>
        </tr>
        <tr>
            <td><img src="01.jpg" border="0"></td>
            <td class="bottom">垂直对齐方式，bottom</td>
        </tr>
        <tr>
            <td><img src="01.jpg" border="0"></td>
            <td class="middle">垂直对齐方式，middle</td>
        </tr>
    </table>
</body>
</html>
```

## 4.2.6 首字下沉

在许多报纸和杂志的文章中，开篇第一个字都很大，这种首字放大的效果往往能在第一时间就吸引到顾客的眼球，其实这就是 Word 中的首字下沉。

在 CSS 中，首字下沉的效果是通过对第 1 个字进行单独设置样式来实现的。具体方法如例 4-16 所示。

【例 4-16】 首字下沉（第 4 章\4-16.html）。其效果如图 4-16 所示。

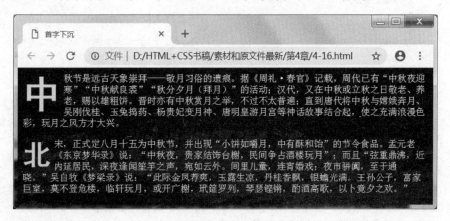

图 4-16 首字下沉

说明：
首字下沉 3 行的设置方法，代码如下：

```
#firstLetter{
    font-size:3em;
    float:left;
}
<p><span id="firstLetter">北</span>
```

代码如下:

```html
<html>
<head>
<title>首字下沉</title>
<style>
<!--
body{
    background-color:black;          /* 背景色 */
}
p{
    font-size:15px;                  /* 文字大小 */
    color:white;                     /* 文字颜色 */
}
p span{
    font-size:60px;                  /* 首字大小 */
    float:left;                      /* 首字下沉 */
    padding-right:5px;               /* 与右边的间隔 */
    font-weight:bold;                /* 粗体字 */
    font-family:黑体;                /* 黑体字 */
    color:yellow;                    /* 字体颜色 */
}
#firstLetter{
    font-size:3em;
    float:left;                      /* 首字下沉 3 行 */
}
</style>
</head>
<body>
    <p><span>中</span>秋节是远古天象崇拜——敬月习俗的遗痕。据《周礼·春官》记载，周代已有"中秋夜迎寒""中秋献良裘""秋分夕月（拜月）"的活动；汉代，又在中秋或立秋之日敬老、养老，赐以雄粗饼。晋时亦有中秋赏月之举，不过不太普遍；直到唐代将中秋与嫦娥奔月、吴刚伐桂、玉兔捣药、杨贵妃变月神、唐明皇游月宫等神话故事结合起，使之充满浪漫色彩，玩月之风方才大兴。</p>
    <p><span id="firstLetter">北</span>宋，正式定八月十五为中秋节，并出现"小饼如嚼月，中有酥和饴"的节令食品。孟元老《东京梦华录》说："中秋夜，贵家结饰台榭，民间争占酒楼玩月"；而且"弦重鼎沸，近内延居民，深夜逢闻笙竽之声，宛如云外。间里儿童，连宵婚戏；夜市骈阗，至于通晓。"吴自牧《梦粱录》说："此际金凤荐爽，玉露生凉，丹桂香飘，银蟾光满。王孙公子，富家巨室，莫不登危楼，临轩玩月，或开广榭，玳筵罗列，琴瑟铿锵，酌酒高歌，以卜竟夕之欢。</p>
</body>
</html>
```

## 4.3 应用实例

以 YAHOO 这几个字母制作（第 4 章\4-17.html）为例，介绍 CSS 控制文字的综合使用。效果如图 4-17 所示。

图 4-17　特效文字

## 4.3.1　设计分析

**1．HTML 部分设计**

因为本例中的各个字符的大小都不相同，所以设计思路就是要分别设定其大小，使之按一定的比例缩放。

具体方法就是要把效果图中的六个字符分别放在六个 h3 标记中，为便于应用不同的样式，分别采用不同的类名，分别起名为"one""two""three""four""five""six"。

代码如下：

```
<h3 class="one">Y</h3>
<h3 class="two">A</h3>
<h3 class="three">H</h3>
<h3 class="four">O</h3>
<h3 class="five">O</h3>
<h3 class="six">!</h3>
```

**2．CSS 部分设计**

首先，六个字符的大小按如下顺序依次设定为：500%、350%、350%、300%、350%、350%这是指在父标记的基础上按百分比进行缩放，如果没有设置父标记的字体大小，则相对于浏览器的默认值进行缩放。

其次，分别设定其相应的外边距 margin 值以确定其合适的位置。

代码如下：

```
h3.one { float: left; font-size: 500%;
font-family: Garamond, Georgia, "Times New Roman";
text-transform: uppercase; margin: 0;
font-weight: 0; color: #FF0000; }
h3.two { float: left; font-size: 350%;
font-family: Garamond, Georgia, "Times New Roman";
text-transform: uppercase; margin: 15px 0 0 -10px;
font-weight: 0; color: #FF0000; }
h3.three{ float: left; font-size: 350%;
```

font-family: Garamond, Georgia, "Times New Roman";
text-transform: uppercase; margin: 8px 0 0px-5px;
font-weight: 0; color: #FF0000; }
h3.four { float: left; font-size: 300%;
font-family: Garamond, Georgia, "Times New Roman";
text-transform: uppercase; margin: 12px 0 0px-5px;
font-weight: 0; color: #FF0000; }
h3.five { float: left; font-size: 350%;
font-family: Garamond, Georgia, "Times New Roman";
text-transform: uppercase; margin: 6px 0 0px-1px;
font-weight: 0; color: #FF0000; }
h3.six { float: left; font-size: 350%;
font-family: Verdana, Arial, Helvetica, sans-serif;
margin: 4px 0 0px -1px; font-weight: 0; color: #FF0000; }

### 4.3.2 制作步骤

步骤 1：选择"开始"，然后依次选择"程序"→"Adobe"→"Adobe Dreamweaver CS5"→"新建"→"HTML"命令。

步骤 2：在代码窗口中输入如下代码。

```
<html>
<head>
<title>特效文字</title>
<style type="text/css">
html, body { width: 75%; }
h3.one { float: left; font-size: 500%;
font-family: Garamond, Georgia, "Times New Roman";
text-transform: uppercase; margin: 0;
font-weight: 0; color: #FF0000; }
h3.two { float: left; font-size: 350%;
font-family: Garamond, Georgia, "Times New Roman";
text-transform: uppercase; margin: 15px 0 0-10px;
font-weight: 0; color: #FF0000; }
h3.three{ float: left; font-size: 350%;
font-family: Garamond, Georgia, "Times New Roman";
text-transform: uppercase; margin: 8px 0 0px-5px;
font-weight: 0; color: #FF0000; }
h3.four { float: left; font-size: 300%;
font-family: Garamond, Georgia, "Times New Roman";
text-transform: uppercase; margin: 12px 0 0px-5px;
font-weight: 0; color: #FF0000; }
h3.five { float: left; font-size: 350%;
font-family: Garamond, Georgia, "Times New Roman";
text-transform: uppercase; margin: 6px 0 0px-1px;
font-weight: 0; color: #FF0000; }
```

```
h3.six { float: left; font-size: 350%;
font-family: Verdana, Arial, Helvetica, sans-serif;
margin: 4px 0 0px-1px; font-weight: 0; color: #FF0000; }
</style>
</head>
<body>
<h3 class="one">Y</h3><h3 class="two">A</h3>
<h3 class="three">H</h3><h3 class="four">O</h3><h3 class="five">O</h3>
<h3 class="six">!</h3>
</body>
</html>
```

步骤3：编写完成后保存。

步骤4：双击 HTML 文件，在浏览器中观看效果。

# 习题

1. 怎样设置文字的首字下沉效果？
2. 什么是文字的绝对大小、相对大小？总结其使用方法。
3. 自己设计以文字为主要内容的一个网页，尽量多地使用各种 CSS 效果。

# 第 5 章 图片效果

图片是网页中不可缺少的内容,各种各样的图片组成丰富多彩的页面,能让人更直观地感受网页所要传达给浏览者的信息。本章将详细介绍 CSS 设置图片风格样式的方法,包括图片的边框、对齐方式和图文混排等,并通过实例综合文字和图片的各种运用。

## 5.1 图片样式

作为单独的图片本身,它的很多属性可以直接在 HTML 中进行调整,但是如果通过 CSS 统一管理,不但可以精确地调整图片的各种属性,还可以实现很多特殊的效果。本节主要介绍用 CSS 设置图片基本属性的方法,为进一步深入探讨打下基础。

### 5.1.1 图片边框设置

在 HTML 中可以直接通过<img>标记的 border 属性值为图片添加边框,属性值为边框的粗细,以像素为单位,从而控制边框的粗细。当设置该属性值为 0 时,则显示为没有边框。而在 CSS 中则通过 border 属性为图片添加各式各样的边框。

在 CSS 中可以通过边框属性为图片添加各式各样的边框。border-style 用来定义边框的样式,如虚线、实线或点划线等。在 CSS 中,一个边框由 3 个要素组成。

① border-width:边框粗细,可以使用各种 CSS 中的长度单位,最常用的单位是像素。

② border-color:边框颜色,可以使用各种合法的颜色来定义。

③ border-style:边框样式,可以在一些预先定义好的线型中选择。

详细的边框属性如表 5-1 所示。

表 5-1 边框属性

| 属　性 | 说　明 |
| --- | --- |
| border | 在一个声明中设置所有的边框属性 |
| border-bottom | 在一个声明中设置所有的下边框属性 |
| border-bottom-color | 设置下边框的颜色 |
| border-bottom-style | 设置下边框的样式 |
| border-bottom-width | 设置下边框的宽度 |
| border-color | 设置四条边框的颜色 |
| border-left | 在一个声明中设置所有的左边框属性 |
| border-left-color | 设置左边框的颜色 |
| border-left-style | 设置左边框的样式 |

| 属性 | 说明 |
| --- | --- |
| border-left-width | 设置左边框的宽度 |
| border-right | 在一个声明中设置所有的右边框属性 |
| border-right-color | 设置右边框的颜色 |
| border-right-style | 设置右边框的样式 |
| border-right-width | 设置右边框的宽度 |
| border-style | 设置四条边框的样式 |
| border-top | 在一个声明中设置所有的上边框属性 |
| border-top-color | 设置上边框的颜色 |
| border-top-style | 设置上边框的样式 |
| border-top-width | 设置上边框的宽度 |
| border-width | 设置四条边框的宽度 |

【例 5-1】 设置各种图片边框（第 5 章\5-1.html）。其效果如图 5-1 所示。

图 5-1 设置各种图片边框

代码如下：

```
<html>
<head>
<title>设置各种图片边框</title>
<style>
<!--
img.test1{
    border-style:dotted;        /* 点画线 */
    border-color:#FF9900;       /* 边框颜色 */
    border-width:5px;           /* 边框粗细 */
}
img.test2{
    border-style:dashed;        /* 虚线 */
```

```
            border-color:blue;          /* 边框颜色  */
            border-width:2px;           /* 边框粗细  */
        }
        -->
        </style>
            </head>
        <body>
            <img src="01.jpg" class="test1">
            <img src="01.jpg" class="test2">
        </body>
        </html>
```

【例 5-2】 分别设置 4 个边框（第 5 章\5-2.html）。其效果如图 5-2 所示。

图 5-2　分别设置 4 个边框

说明：
图片的 4 个边框被分别设置了不同的风格样式。
代码如下：

```
        <html>
        <head>
        <title>分别设置 4 边框</title>
        <style>
        <!--
        img{
            border-left-style:dotted;     /* 左点画线  */
            border-left-color:#FF9900;    /* 左边框颜色 */
            border-left-width:5px;        /* 左边框粗细 */
            border-right-style:dashed;
            border-right-color:#33CC33;
            border-right-width:2px;
            border-top-style:solid;       /* 上实线  */
```

```
            border-top-color:#CC00FF;       /* 上边框颜色 */
            border-top-width:10px;          /* 上边框粗细 */
            border-bottom-style:groove;
            border-bottom-color:#666666;
            border-bottom-width:15px;
        }
    -->
    </style>
        </head>
    <body>
            <img src="02.jpg">
    </body>
    </html>
```

【例 5-3】 合并各 CSS 值（第 5 章\5-3.html）。其效果如图 5-3 所示。

图 5-3  合并各 CSS 值

**说明：**

在使用熟练后，border 属性还可以将各个值写到同一语句中，用空格分离，这样可大大简化 CSS 代码的长度。

代码如下：

```
    <html>
    <head>
    <title>合并各 CSS 值</title>
    <style>
    <!--
    img.test1{
        border:5px double #FF00FF;        /* 将各个值合并 */
    }
    img.test2{
        border-right:5px double #FF00FF;
```

```
        border-left:8px solid #0033FF;
}
-->
</style>
    </head>
<body>
        <img src="03.jpg" class="test1">
        <img src="03.jpg" class="test2">
</body></html>
```

### 5.1.2 图片缩放设置

CSS 控制图片的大小与 HTML 一样,也是通过 width 和 height 两个属性来实现的,所不同的是,CSS 中可以使用更多的值,如第 4.13 节中提到的相对值和绝对值等。

【例 5-4】 图片缩放(第 5 章\5-4.html)。其效果如图 5-4 所示。

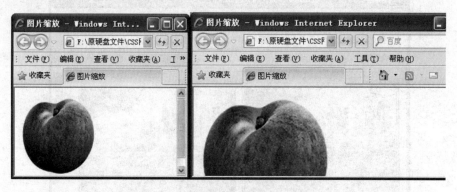

图 5-4 图片缩放

代码如下:

```
<html>
<head>
<title>图片缩放</title>
<style>
<!--
img.test1 {
        width:50%;       /* 相对宽度 */
}
-->
</style>
    </head>
<body>
        <img src="04.jpg" class="test1">
</body>
</html>
```

注意：

这里需要指出的是，当仅仅设置了图片的 width 属性，而没有设置 height 属性时，图片本身会自动等纵横比例缩放；如果只设定 height 属性效果也是一样的。

【例 5-5】 不等比例图片缩放（第 5 章\5-5.html）。其效果如图 5-5 所示。

图 5-5 不等比例图片缩放

代码如下：

```
<html>
<head>
<title>不等比例缩放</title>
<style>
<!--
img.test1{
    width:70%;       /* 相对宽度 */
    height:110px;    /* 绝对高度 */
}
-->
</style>
</head>
<body>
    <img src="05.jpg" class="test1">
</body>
</html>
```

注意：

这里需要指出的是，只有当同时设定 width 和 height 属性时才会不等比例缩放。

## 5.2 图片对齐

当图片与文字同时出现在页面上的时候，图片的对齐方式就显得尤其重要。如何能够合理地将图片对齐到理想的位置，成为页面是否整体协调、统一的重要因素。本节从图片的水平和竖直两方面对齐方式出发，分别介绍 CSS 设置图片对齐方式的方法。

## 5.2.1 水平对齐设置

图片水平对齐的设置方式与第 4 章文字水平的对齐方式设置基本相同，分为左、中、右 3 种，如实例 5-6 所示。

【例 5-6】 图片水平对齐（第 5 章\5-6.html）。其效果如图 5-6 所示。

图 5-6　图片水平对齐

说明：

图片的水平对齐方式不能直接通过图片的 text-align 属性，而是通过设置其父元素来实现的。

代码如下：

```
<html>
<head>
<title>图片水平对齐</title> </head>
<body>
<table width="100%" border="1">
    <tr><td style="text-align:left;"><img src="06.jpg"></td></tr>
    <tr><td style="text-align:center;"><img src="06.jpg"></td></tr>
    <tr><td style="text-align:right;"><img src="06.jpg"></td></tr>
</table></body></html>
```

## 5.2.2 垂直对齐设置

图片垂直对齐方式主要体现在与文字搭配的情况下，尤其当图片的高度与文字本身不一致时。如实例 5-7 所示。

【例 5-7】 图片垂直对齐（第 5 章\5-7.html）。其效果如图 5-7 所示。

第 5 章 图片效果

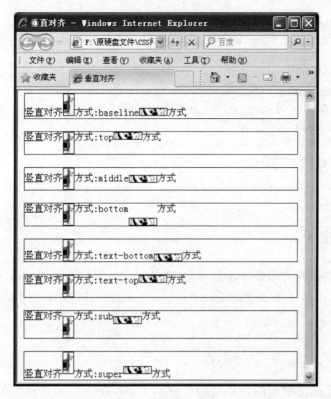

图 5-7 图片垂直对齐

**说明：**

在 CSS 中，通过 vertical-align 属性来实现各种效果，其值有：baseline、top、middle、bottom、text-bottom、text-top、sub 和 super。

代码如下：

```
<html>
<head>
<title>垂直对齐</title>
<style type="text/css">
p{ font-size:15px;
border:1px red solid;}
img{ border: 1px solid #000055; }
</style>
    </head>
<body>
    <p>竖直对齐<img src="07.jpg" style="vertical-align:baseline;">方式:baseline<img src="08.jpg" style="vertical-align:baseline;">方式</p>
    <p>竖直对齐<img src="07.jpg" style="vertical-align:top">方式:top<img src="08.jpg" style="vertical-align:top">方式</p>
    <p>竖直对齐<img src="07.jpg" style="vertical-align:middle;">方式:middle<img src="08.jpg" style="vertical-align:middle;">方式</p>
    <p>竖直对齐<img src="07.jpg" style="vertical-align:bottom;">方式:bottom<img src="08.jpg"
```

style="vertical-align:bottom;">方式</p>
            <p>竖直对齐 <img src="07.jpg" style="vertical-align:text-bottom;"> 方式 :text-bottom<img src="08.jpg" style="vertical-align:text-bottom;">方式</p>
            <p>竖直对齐<img src="07.jpg" style="vertical-align:text-top;">方式:text-top<img src="08.jpg" style="vertical-align:text-top;">方式</p>
            <p>竖直对齐 <img src="07.jpg" style="vertical-align:sub;"> 方式 :sub<img src="08.jpg" style="vertical-align:sub;">方式</p>
            <p>竖直对齐 <img src="07.jpg" style="vertical-align:super;"> 方式 :super<img src="08.jpg" style="vertical-align:super;">方式</p>
        </body>
    </html>

## 5.3 图文混排

Word 中文字与图片有很多排版的方式，在网页中同样可以通过 CSS 设置实现各种图文混排的效果。本节在第 4 章文字排版和本章前几节图片对齐等知识的基础上，介绍 CSS 图文混排的具体方法。

### 5.3.1 文本混排

文本混排主要是文字与图片位置的设置。文字环绕图片的方式在实际页面中非常广泛，如果再配合内容、背景等多种手段便可以实现各种绚丽的效果。如实例 5-8 所示。

【例 5-8】 文字环绕（第 5 章\5-8.html）。其效果如图 5-8 所示。

图 5-8 文字环绕

说明：

在 CSS 中主要通过给图片设置 float 属性来实现文字环绕。

代码如下:

```html
<html>
<head>
<title>图文混排</title>
<style type="text/css">
<!--
body{
    background-color:bb0102;        /* 页面背景颜色 */
    margin:0px;
    padding:0px;
}
img{
    float:left;                     /* 文字环绕图片 */
}
p{
    color:#FFFF00;                  /* 文字颜色 */
    margin:0px;
    /* [disabled]padding-top:10px; */
    padding-left:5px;
    padding-right:5px;
}
span{
    float:left;                     /* 首字放大 */
    font-size:85px;
    font-family:黑体;
    margin:0px;
    padding-right:5px;
}
-->
</style>
</head>
<body>
    <img src="09.jpg" border="0">
    <p><span>花</span>果山风景区是国家重点风景名胜区、国家 AAAA 级旅游区、全国文明风景旅游区示范点、全国文明风景旅游区创建先进单位、全国青年文明号、全国重点风景名胜区综合整治先进单位、中国十佳旅游景区、中国最值得外国人去的 50 个地方、全国"黄金周"旅游直报点和全国空气质量预报系统点。</p>
    <p>花果山风景区所在的连云港市位于我国万里海疆的中部,江苏省的东北部,东临黄海,西接中原,北扼齐鲁,南达江淮,与日本及朝鲜半岛隔海相望。景区面积 84.3 平方公里,层峦叠嶂 136 峰,其中,花果山玉女峰是江苏省最高峰,海拔 624.4 米,峭壁悬崖,巍峨壮观。</p>
    <p>花果山以古典名著《西游记》所描述的"孙大圣老家"而著称于世,因美猴王的神话故事而家喻户晓,名闻海内外。自古就有"东海第一胜境"和"海内四大灵山之一"美誉的花果山,集山石、海景、古迹、神话于一身,具有很高的观赏、游览和历史科学研究价值,它丰富的人文景观和秀美的自然景观令游人赞叹不已。自然景观呈现山海相依、崎岖与开阔呼应对比的壮丽景色。山里古树参天、水流潺潺、花果飘香、猕猴嬉闹、奇峰异洞、怪石云海、景色神奇秀丽。野生植物资源十分丰富,计有植物种类 1700 余种,其中药物资源就有 1190 种,金镶玉竹、古银杏等都是省内罕见、国内少有的
```

树种和古树名木,是江苏省重要的野生植物资源库,每年吸引了国内许多高校、科研单位、专家学者来此考察研究。"一部西游未出此山半步,三藏东传并非小说所言"。与《西游记》故事相关联的孙悟空降生地的娲遗石、栖身之水帘洞,以及七十二洞、唐僧崖、猪八戒石、沙僧石等,神形惟妙惟肖、栩栩如生。</p>
　　</body>
</html>

### 5.3.2 设置混排间距

在上例中文字紧紧环绕在图片周围,如果希望图片本身与文字有一定的距离,只需要给<img>标记添加 margin 或者 padding 属性即可。至于 margin 和 padding 属性的详细用法,后面的章节还会深入介绍,它们是 CSS 网页布局的核心基础。

代码如下:

```
img{
    float:left;                  /* 文字环绕图片 */
    margin-right:50px;           /* 右侧距离 */
    margin-bottom:25px;          /* 下端距离 */
}
```

其显示效果如图 5-9 所示,可以看到文字距离图片明显变远了。

图 5-9　图片与文字的距离

## 5.4 应用实例

本节通过具体实例,进一步巩固图文混排方法的使用,并把该方法运用到实际的网站制作中。本例以我国的传统节日为题材,充分利用 CSS 图文混排的方法,实现页面的效果。实例的最终效果如图 5-10 所示。

图 5-10　我国的传统节日

## 5.4.1　设计分析

首先选取一些相关的图片和文字介绍,将除夕的描述和图片放在页面的最上端,同样采用首字下沉的方法。

```
<img src="0.jpg" class="pic2">
    <p><span class="first">除</span>夕是我国传统节日中最重大的节日之一。指农历一年最后一天的晚上,即春节前一天晚上,因常在夏历腊月三十或二十九,故又称该日为年三十。一年的最后一天叫"岁除",那天晚上叫"除夕"。除夕人们往往通宵不眠,叫守岁。苏轼有《守岁诗》:"儿童强不睡,相守夜欢哗。[1]"除夕这一天,家里家外不但要打扫得干干净净,还要贴门神、贴春联、贴年画、挂门笼,人们则换上带喜庆色彩和带图案的新衣。</p>
```

为整个页面选取一个合适的背景颜色。这里用黑色作为整个页面的背景色。然后用图文混排的方式将图片靠右,并适当地调整文字与图片的距离,将正文文字设置为白色。CSS部分的代码如下表示。

```
body{
    background-color:black;        /* 页面背景色 */
}
p{
    font-size:13px;                /* 段落文字大小 */
```

```
        color:white;
}
img{
        border:1px #999 dashed;             /* 图片边框 */
}
span.first{                                 /* 首字下沉 */
        font-size:60px;
        font-family:黑体;
        float:left;
        font-weight:bold;
        color:#CCC;                         /* 首字颜色 */
}
```

此时的显示效果如图 5-11 所示。

图 5-11  首字下沉并图片靠右

考虑到"传统节日"的具体排版,这里采用一左一右的方式,并且全部采用图文混排。因此图文混排的 CSS 分左右两段,分别定义为 img.pic1 和 img.pic2。img.pic1 和 img.pic2 都采用图文混排,不同之处是一个用于图片在左侧的情况,一个用于图片在右侧的情况,这样交替使用。

代码如下:

```
img.pic1{
        float:left;                         /* 左侧图片混排 */
        margin-right:10px;                  /* 图片右端与文字的距离 */
        margin-bottom:5px;
}
img.pic2{
```

```
        float:right;                    /* 右侧图片混排 */
        margin-left:10px;               /* 图片左端与文字的距离 */
        margin-bottom:5px;
    }
```

当图片分别处于左右两边后,正文的文字并不需要做太大的调整,而每一小段则需要根据图片的位置做相应的变化。因此"传统节日"名称的小标题也需要定义两个 CSS 标记,分别为 p.title1 和 p.title2,而段落正文不用区分左右,定义为 p.content.。

代码如下:

```
    p.title1{                           /* 左侧标题 */
        text-decoration:underline;      /* 下划线 */
        font-size:18px;
        font-weight:bold;               /* 粗体*/
        text-align:left;                /* 左对齐 */
    }
    p.title2{                           /* 右侧标题 */
        text-decoration:underline;
        font-size:18px;
        font-weight:bold;
        text-align:right;
    }
    p.content{                          /* 正文内容 */
        line-height:1.2em;              /* 正文行间距 */
        margin:0px;
    }
```

从代码中可以看到,两段标题的代码的主要不同之处就在于文字的对齐方式。当图片使用 img.pic1 而位于左侧时,标题则使用 p.title1 并且也在左侧。同样的道理,当图片使用 img.pic2 而位于右侧时,标题则使用 p.title2 并且也移动到右侧。

对于整个页面中 HTML 分别介绍传统节日的部分,文字和图片都一一交错地使用两种不同的对齐和混排,即分别采用两组不同的 CSS 类型标记,达到一左一右的显示效果,代码如下:

```
        ......
        <p class="title1">清明节</p>
        <img src="3.jpg" class="pic1">
        <p class="content">清明节是农历二十四节气之一,在仲春与暮春之交,也就是冬至后的
108 天,节气是按照阴历制定的,阴历没有闰年。中国汉族传统的清明节大约始于周代,距今已有二
千五百多年的历史。《历书》:"春分后十五日,斗指丁,为清明,时万物皆洁齐而清明,盖时当气清
景明,万物皆显,因此得名。"清明一到,气温升高,正是春耕春种的大好时节,故有"清明前后,种
瓜点豆"之说。清明节是一个祭祀祖先的节日,传统活动为扫墓。</p>
        <p class="title2">端午节</p>
        <img src="4.jpg" class="pic2">
        <p class="content"> 端午节为每年农历五月初五,又称端阳节、午日节、五月节等。端午节
是中国汉族人民纪念屈原的传统节日,以纪念才华横溢、遗世独立的楚国大夫屈原而展开,传播至华
```

夏各地，使屈原之名人尽皆知。</p>
......

通过图文混排后，文字能够很好地使用空间，十分方便且美观。最终效果如图 5-10 所示。

## 5.4.2 制作步骤

步骤 1：选择"开始"，然后依次选择"程序"→"Adobe"→"Adobe DreamWeaver CS5"→"新建"→"HTML"命令。

步骤 2：在代码窗口中输入如下代码。

```
<html>
<head>
<title>我国的传统节日</title>
<style type="text/css">
<!--
body{
    background-color:black;         /* 页面背景色 */
}
p{
    font-size:13px;                 /* 段落文字大小 */
    color:white;
}
p.title1{                           /* 左侧标题 */
    text-decoration:underline;      /* 下划线 */
    font-size:18px;
    font-weight:bold;               /* 粗体*/
    text-align:left;                /* 左对齐 */
}
p.title2{                           /* 右侧标题 */
    text-decoration:underline;
    font-size:18px;
    font-weight:bold;
    text-align:right;
}
p.content{                          /* 正文内容 */
    line-height:1.2em;              /* 正文行间距 */
    margin:0px;
}
img{
    border:1px #999 dashed;         /* 图片边框 */
}
img.pic1{
    float:left;                     /* 左侧图片混排 */
    margin-right:10px;              /* 图片右端与文字的距离 */
    margin-bottom:5px;
```

```
    }
    img.pic2{
        float:right;                    /* 右侧图片混排 */
        margin-left:10px;               /* 图片左端与文字的距离 */
        margin-bottom:5px;
    }
    span.first{                         /* 首字下沉 */
        font-size:60px;
        font-family:黑体;
        float:left;
        font-weight:bold;
        color:#CCC;                     /* 首字颜色 */
    }
    -->
</style>
    </head>
    <body>
        <img src="0.jpg" class="pic2">
        <p><span class="first">除</span>夕是我国传统节日中最重大的节日之一。指农历一年最后一天的晚上,即春节前一天晚上,因常在夏历腊月三十或二十九,故又称该日为年三十。一年的最后一天叫"岁除",那天晚上叫"除夕"。除夕人们往往通宵不眠,叫守岁。苏轼有《守岁诗》:"儿童强不睡,相守夜欢哗。[1]"除夕这一天,家里家外不但要打扫得干干净净,还要贴门神、贴春联、贴年画、挂门笼,人们则换上带喜庆色彩和带图案的新衣。</p>
        <p class="title1">春节</p>
        <img src="1.jpg" class="pic1">
        <p class="content">
        春节是中国民间最隆重、最富有特色的传统节日,也是最热闹的一个古老节日之一。一般指正月初一,是一年的第一天,又叫阴历年,俗称"过年"。但在民间,传统意义上的春节是指从腊月初八的腊祭或腊月二十三或二十四的祭灶,一直到正月十九,其中以除夕和正月初一为高潮。在春节期间,中国的汉族和很多少数民族都要举行各种活动以示庆祝。这些活动均以祭祀神佛、祭奠祖先、除旧布新、迎禧接福、祈求丰年为主要内容。活动丰富多彩,带有浓郁的民族特色。</p>
        <p class="title2">元宵节</p>
        <img src="2.jpg" class="pic2">
        <p class="content">农历正月十五是中国传统的元宵佳节,新春期间的节日活动也将在这一天达到一个高潮。元宵之夜,大街小巷张灯结彩,人们点起万盏花灯,携亲伴友出门赏灯、逛花市、放焰火,载歌载舞欢度元宵佳节。</p>
        <p class="title1">清明节</p>
        <img src="3.jpg" class="pic1">
        <p class="content">清明节是农历二十四节气之一,在仲春与暮春之交,也就是冬至后的108 天,节气是按照阴历制定的,阴历没有闰年。中国汉族传统的清明节大约始于周代,距今已有二千五百多年的历史。《历书》:"春分后十五日,斗指丁,为清明,时万物皆洁齐而清明,盖时当气清景明,万物皆显,因此得名。"清明一到,气温升高,正是春耕春种的大好时节,故有"清明前后,种瓜点豆"之说。清明节是一个祭祀祖先的节日,传统活动为扫墓。</p>
        <p class="title2">端午节</p>
        <img src="4.jpg" class="pic2">
        <p class="content"> 端午节为每年农历五月初五,又称端阳节、午日节、五月节等。端午节是中国汉族人民纪念屈原的传统节日,以纪念才华横溢、遗世独立的楚国大夫屈原而展开,传播至华
```

夏各地，使屈原之名人尽皆知。</p>
　　　　<p class="title1">中秋节</p>
　　　　<img src="5.jpg" class="pic1">
　　　　<p class="content">中秋节，中国传统节日之一，为每年农历八月十五，传说是为了纪念嫦娥奔月。八月为秋季的第二个月，古时称为仲秋，因处于秋季之中和八月之中，故民间称为中秋，又称秋夕、八月节、八月半、月夕、月节，又因为这一天月亮满圆，象征团圆，又称为团圆节。</p>
　　　　<p class="title2">腊八节</p>
　　　　<img src="6.jpg" class="pic2">
　　　　<p class="content">每年农历十二月初八，俗称腊八节（亦叫腊八）；腊八节有着极为悠久的历史。人们在这一天喝腊八粥、做腊八蒜，是中国各地老百姓最传统也是最讲究的习俗。</p>

　　　　</body>
　　　　</html>

步骤3：编写完成后保存。
步骤4：双击 HTML 文件，在浏览器中观看效果。

# 习题

1. 怎样设置图片的大小相对于屏幕尺寸的大小保持相对变动？
2. 给图片加边框时主要用到哪几个属性？
3. 设置图文混排主要应用什么属性？
4. 怎样控制图片和文字的间距？

# 第 6 章 背景效果

在具体制作页面时,首先要做的就是确定页面的背景。CSS 允许应用纯色作为背景,也允许使用背景图像创建相当复杂的效果。由于页面的结构千变万化,所以页面背景的设置也有很多种。本章重点介绍 CSS 设置背景的方法。

## 6.1 背景颜色

任何一个页面都会通过它的背景色来突出其设计基调,本节通过实例来介绍 CSS 设置页面背景颜色的方法。

### 6.1.1 设置页面背景颜色

使用背景色的方法比较简单,所用到的 CSS 属性为 background-color 属性。其语法结构如下:

选择器{background-color:颜色;}

颜色的设定方法可以采用十六进制(#FF0000)、颜色的英文单词(red)或 rgb(100%, 0%, 0%)等。

【例 6-1】 设置背景颜色(第 6 章\6-1.html)。其效果如图 6-1 所示。

图 6-1 设置背景颜色

说明:
页面和文字都设置了背景色。

代码如下:

```html
<html>
<head>
<title>背景颜色设置</title>
<style type="text/css">
body{
background-color:#FF0000;
}
p{
background-color:black;
font-family:"黑体";
color:#FFFFFF;
font-size:50px;
}
</style>
</head>
<body>
<p>这是 p 标记的内容 !</p>
</body>
</html>
```

## 6.1.2 页面分块设置背景色

background-color 属性不仅用来设置整个页面的背景颜色,其他的 HTML 元素也可以通过 background-color 属性来设置需要的背景颜色,利用这种方法,可以设计出需要的页面效果。

【例 6-2】 页面分块设置颜色(第 6 章\6-2.html)。其效果如图 6-2 所示。

图 6-2 页面分块设置背景颜色

代码如下:

```html
<html>
<head>
<title>页面分块设置颜色</title>
<style type="text/css">
body{
padding:0px;
margin:0px;
background-color:#CCCCCC;         /*设置页面背景颜色*/
}
.header{
height:100px;
background-color:#000066;         /*设置 header 块的背景色*/
font-family:"黑体";                /*设置字体*/
font-size:54px;                   /*设置文字大小*/
color:#FFFFFF;                    /*设置文字颜色*/
text-align:center;                /*水平居中对齐*/
vertical-align:middle;            /*垂直居中对齐*/
}
.menu{
background-color:white;           /*设置 menu 块的背景色*/
font-family:"仿宋";
font-size:18px;
color:#333333;
text-align:center;
}
.center{
background-color:#009900;         /*设置 center 块的背景色*/
text-align:center;
}
.footer{
background-color:#000066;         /*设置 header 块的背景色*/
font-size:14px;
text-align:center;
color:#FFFFFF;
}
</style>
</head>
<body>
<table width="100%" border="0" cellpadding="0" cellspacing="1">
  <tr>
    <td colspan="5" class="header">花果山福地,水帘洞洞天</td>
  </tr>
```

```
            <tr class="menu">
                <td>首页</td>
                <td>景区介绍</td>
                <td>神话传说</td>
                <td>联系我们</td>
                <td>游客留言</td>
            </tr>
            <tr>
                <td colspan="5" class="center"><img src="banner.jpg" /></td>
            </tr>
            <tr>
                <td colspan="5" class="footer">连云港市花果山分景区</td>
            </tr>
        </table>
        <p> </p>
    </body>
</html>
```

## 6.2 背景图片

页面背景也可以使用各种图片,用图片作为背景的 CSS 属性为 background-image,其语法结构如下:

选择器{background-image:url(图片路径);}

例如,给 body 加一个背景图片,代码如下:

body{background-image:url(1.jpg);}

则页面中的所有地方都会以图片 1.jpg 做背景。

也可以为段落应用一个背景,代码如下:

p{background-image:url(02.jpg);}

### 6.2.1 为页面设置背景图片

下面是一个使用图片制作网页背景的示例。

代码如下:

```
body{
background-image:url(1.jpg);
}
```

【例 6-3】 设置背景图片(第 6 章\6-3.html)。其效果如图 6-3 所示。

图 6-3  设置背景图片

**说明：**

背景图片的默认排列方式是从左到右，从上到下的顺序，直到将整个页面的背景充满为止。

代码如下：

```
<html>
<head>
<title>设置背景图片</title>
<style type="text/css">
body{
background-image:url(1.jpg);            /*设置页面背景图片*/
}
</style>
</head>
<body>
</body>
</html>
```

## 6.2.2  背景图片的重复

设置背景图像的重复填充方式用到的 CSS 属性为 background-repeat。其语法结构如下：

选择器{background-repeat:repeat | no-repeat | repeat-x | repeat-y;}

其中各参数的含义如下。
- repeat：背景图片按照从左到右，从上到下的顺序进行排列。
- no-repeat：背景图片不重复，没有定义位置时，默认出现在容器的左上角。
- repeat-x：背景图片横向排列，没有定义位置时，在容器顶部从左向右重复排列。
- repeat-y：背景图片纵向排列，没有定义位置时，在容器左侧从上向下重复排列。

【例 6-4】 设置背景图片横向排列（第 6 章\6-4.html）。其效果如图 6-4 所示。

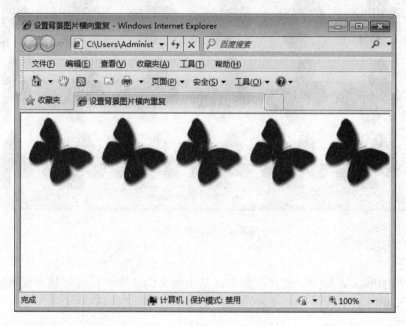

图 6-4　设置背景图片横向排列

代码如下：

```
<html>
<head>
<title>设置背景图片横向重复</title>
<style type="text/css">
body{
background-image:url(1.jpg);              /*设置页面背景图片*/
background-repeat:repeat-x;
}
</style>
</head>
<body>
</body>
</html>
```

**注意：**

使用背景图片的重复属性，可以制作很多复杂的背景。这是制作页面背景时最常使用的方式。

## 6.2.3 设置背景图片的位置

默认情况下背景图片都是从设置了 background 属性的容器的左上角开始出现的,如果想设置背景图像出现在指定位置,用到的 CSS 属性为 background-position 属性,其语法结构如下:

选择器{background-position:长度值|百分比值|top|right|bottom|left|cenetr;}

图像放置关键字比较容易理解,其作用如其名称所表明的。
其中各参数的含义如下。
- top:背景图片出现在容器的上边。
- bottom:背景图片出现在容器的底边。
- left:背景图片出现在容器的左边。
- right:背景图片出现在容器的右边。
- center:背景图片的横向和纵向居中。

例如,使用 background-position 属性设置背景图片的位置是左上方,代码如下:

background-posítion;left top;

例如,在 body 元素中将一个背景图像中部上方放置,代码如下:

body
  {
    background-image:url('bg_03.gif');
    background-repeat:no-repeat;
    background-position:top;   }

**说明:**
位置关键字可以按任何顺序出现,只要保证不超过两个关键字,一个对应水平方向,另一个对应垂直方向。如果只出现一个关键字,则认为另一个关键字是 center。等价的位置关键字如表 6-1 所示。

表 6-1 等价的位置关键字

| 单一关键字 | 等价的关键字 |
| --- | --- |
| center | center center |
| top | top center 或 center top |
| bottom | bottom center 或 center bottom |
| right | right center 或 center right |
| left | left center 或 center left |

【例 6-5】 背景图片出现在页面右上角(第 6 章\6-5.html)。其效果如图 6-5 所示。

图 6-5　设置背景图片的位置

代码如下：

```
<html>
<head>
<title>设置背景图位置</title>
<style type="text/css">
body{
background-image:url(2.jpg);                    /*设置页面背景图片*/
background-repeat:no-repeat;
background-position:top right;
}
span{                                           /* 首字下沉 */
    font-size:60px;
    float:left;
    font-family:"黑体";
    }
p{
    margin:5px;
    padding:10px;
    font-size:20px;
    font-family:"仿宋";
    }
</style>
</head>
<body>
<p><span>春节</span>是中国民间最隆重、最富有特色的传统节日，即农历新年，是一年之岁首，亦为传统意义上的"年节"。俗称新春、新岁、新年、新禧、年禧、大年等。春节历史悠久，由上古时代岁首祈年祭祀演变而来。春节的起源蕴含着深邃的文化内涵，在传承发展中承载了丰厚的历史文化底蕴。在春节期间，全国各地均有举行各种庆贺新春活动，热闹喜庆的气氛洋溢；这些活动以除旧布新、迎禧接福、拜神祭祖、祈求丰年为主要内容，形式丰富多彩，带有浓郁的各地域特色，凝聚着中
```

华传统文化精华。</p>
　　　　</body>
　　</html>

【例6-6】 使用长度值来确定背景图片的位置（第6章\6-6.html）。其效果如图6-6所示。

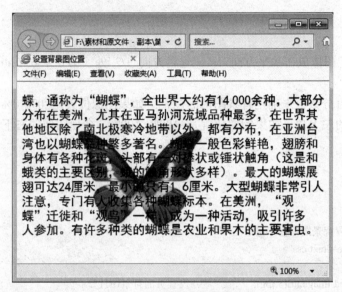

图6-6　设置背景图片的位置

说明：

background-position:100 px　2 cm;中　100 px　背景图片左上角距离页面左侧 100 px，距离页面上端 2 cm。

代码如下：

```
<html>
<head>
<title>设置背景图位置</title>
<style type="text/css">
body{
background-image:url(3.jpg);           /*设置页面背景图片*/
background-repeat:no-repeat;
background-position:100px 2cm;         /*设置背景图片位置*/
}
p{
    font-size:20px;
    font-family:"黑体";
}
</style>
</head>
<body>
<p>蝶，通称为"蝴蝶"，全世界大约有 14 000 余种，大部分分布在美洲，尤其在亚马孙河流域品种最多，在世界其他地区除了南北极寒冷地带以外，都有分布，在亚洲台湾也以蝴蝶品种繁多著
```

名。蝴蝶一般色彩鲜艳，翅膀和身体有各种花斑，头部有一对棒状或锤状触角（这是和蛾类的主要区别，蛾的触角形状多样）。最大的蝴蝶展翅可达 24 厘米，最小的只有 1.6 厘米。大型蝴蝶非常引人注意，专门有人收集各种蝴蝶标本。在美洲，"观蝶"迁徙和"观鸟"一样，成为一种活动，吸引许多人参加。有许多种类的蝴蝶是农业和果木的主要害虫。

```
        </p>
    </body>
</html>
```

【例6-7】 把图像放在水平方向 1/4、垂直方向 1/2 处（第 6 章\6-7.html）。

说明：

也可以使用百分数值来确定背景图像的位置。如果图像位置是 0% 0%，其左上角将放在元素内边距区的左上角。如果图像位置是 100% 100%，会使图像的右下角放在右边距的右下角。

代码如下：

```
<html>
<head>
<title>设置背景图位置</title>
<style type="text/css">
body{
background-image:url(3.jpg);         /*设置页面背景图片*/
background-repeat:no-repeat;
background-position:25% 50%;         /*设置背景图片位置*/
}
p{
    font-size:20px;
    font-family:"黑体";
}
</style>
</head>
<body>
    <p>蝶，通称为"蝴蝶"，全世界大约有 14 000 余种，大部分分布在美洲，尤其在亚马孙河流域品种最多，在世界其他地区除了南北极寒冷地带以外，都有分布，在亚洲台湾也以蝴蝶品种繁多著名。蝴蝶一般色彩鲜艳，翅膀和身体有各种花斑，头部有一对棒状或锤状触角（这是和蛾类的主要区别，蛾的触角形状多样）。最大的蝴蝶展翅可达 24 厘米，最小的只有 1.6 厘米。大型蝴蝶非常引人注意，专门有人收集各种蝴蝶标本。在美洲，"观蝶"迁徙和"观鸟"一样，成为一种活动，吸引许多人参加。有许多种类的蝴蝶是农业和果木的主要害虫。
    </p>
</body>
</html>
```

注意：

如果用百分数值来设置背景图片的位置，由于是相对于浏览器窗口的百分比，当改变浏览器窗口的大小，会发现背景图片也会进行相应的调整，如例 6-7 中，背景图片 3.jpg 始终处于水平方向 25%和垂直方向 50%的位置。

background-position 的默认值是 0% 0%，在功能上相当于 top left。

background-position 属性的所有取值可以混合使用，并且可以取负值。

下面是一个 background-position 属性使用负值的示例，代码如下：

```
body{
    background-image:url(images/background.jpg);
    background-repeat:no-repeat;
    background-position:-50px 33%;}
```

### 6.2.4 设置背景关联

如果文档比较长，那么当文档向下滚动时，背景图像也会随之滚动。当文档滚动到超过图像的位置时，图像就会消失。如果想防止这种滚动，可以声明图像相对于可视区是固定的（fixed），因此不会受到滚动的影响。

设置背景滚动可使用背景图片的 background-attachment 属性，其语法结构如下：

选择器{backgroun-attachment:srcoll|fixed;}

其中各参数的含义如下。
- scroll：背景图像随内容滚动。
- fixed：背景图像固定。

scroll 是 background-attachment 属性的默认值。当拖动滚条时，背景图像随着内容一起滚动，也就是浏览页面时最常见的效果。

【例 6-8】 设置背景关联（第 6 章\6-8.html），其效果如图 6-7 所示。

该样式实现了当拖动窗口滚条时，背景相对于页面内容固定不动。该样式应用于网页中的效果如图 6-8 所示。

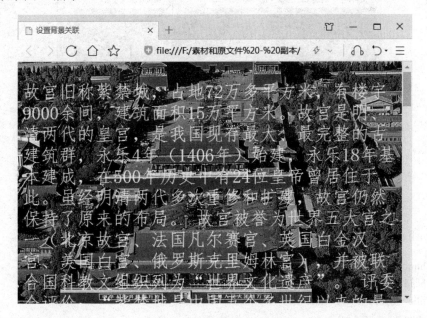

图 6-7 设置背景图片关联

当拖动滚条后，页面显示的效果如图6-8所示。

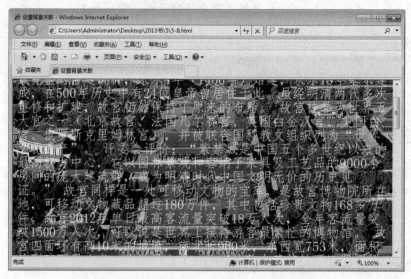

图6-8 设置背景图片关联并拖动滚动条后的效果

**说明：**

当 background-position 属性的值为 fixed 时，背景图片的位置固定并不是指相对于页面，而是相对于页面的可视范围而言，浏览器窗口缩小后的效果如图6-9所示。

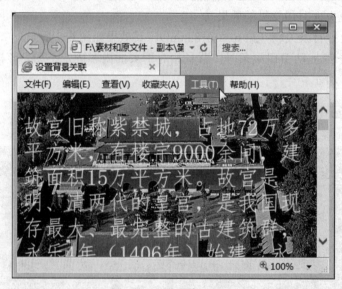

图6-9 浏览器窗口缩小

代码如下：

```
<html>
<head>
<title>设置背景关联</title>
<style type="text/css">
body{
```

```
        background-image:url(4.jpg);          /*设置页面背景图片*/
        background-repeat:no-repeat;
        background-position:center;           /*设置背景图片位置*/
        background-attachment:fixed;          /*设置背景图片固定*/
    }
    p{
        font-size:30px;
        color:#FFFFFF;
        font-family:"仿宋";
    }
    </style>
    </head>
    <body>
    <p>故宫旧称紫禁城，占地 72 万多平方米，有楼宇 9000 余间，建筑面积 15 万平方米。故宫是明、清两代的皇宫，是我国现存最大、最完整的古建筑群，永乐 4 年（1406 年）始建，永乐 18 年基本建成，在 500 年历史中有 24 位皇帝曾居住于此。虽经明清两代多次重修和扩建，故宫仍然保持了原来的布局……</p>
    </body>
    </html>
```

注意：

以上实例中设定背景图片位置为居中，则不论将浏览器窗口变为多大，背景图片将依然居中且保持大小不变。

## 6.3 应用实例

本节通过一个实例，对多个标记应用不同的背景，从而让页面获得丰富的效果。实例的最终效果如图 6-10 所示（实例文件：第 6 章\6-9.html）。

图 6-10 实例效果图

## 6.3.1 设计分析

本例的制作中，可以先为整个页面设置好背景图片，为了能铺满整个页面，body 标记采用重复填充方式，背景图采用的无缝拼图如图 6-11 所示。

图 6-11　页面背景图

页面背景设置的 CSS 代码如下：

```css
body{
background-image:url(5.jpg);         /*设置页面背景图片*/
}
```

由于背景重复方式默认是 repeat，所以可以不用设置。

页面中文字部分可以对 p 标记设置背景图片，并且重复方式为不重复，p 标记的背景图如图 6-12 所示。

图 6-12　文字部分背景图

CSS 代码如下：

```css
p{
padding:50px;                        /*内边距 50px*/
font-family:"黑体";
font-size:30px;
```

```
    text-align:center;                      /*文字居中*/
    background-image:url(6.jpg);
    background-repeat:no-repeat;            /*设置背景不重复*/
    background-position:center;             /*设置背景位置居中*/
}
```

这时的效果如图 6-13 所示。

图 6-13  设置了背景的效果

为了对标题和作者单独设置，对标题和作者都用了 span 标记。为了对作者能单独设置背景，给它的 span 标记的样式定义了一个名为"libai"的类，其 CSS 代码如下：

```
span{
font-size:48px;
}
.libai{
background-color:#000000;          /*设置背景色*/
font-size:18px;
font-family:"隶书";
color:#FFFFFF;                     /*设置文字颜色*/
}
```

## 6.3.2  制作步骤

步骤 1：选择"开始"，然后依次选择"程序"→"Adobe"→"Adobe DreamWeaver CS5"→"新建"→"HTML"命令。

步骤 2：在代码窗口中输入如下代码。

```
<html>
```

```html
<head>
<title>设置多个背景</title>
<style type="text/css">
body{
background-image:url(5.jpg);            /*设置页面背景图片*/
}
p{
padding:50px;
font-family:"黑体";
font-size:30px;
text-align:center;
background-image:url(6.jpg);
background-repeat:no-repeat;
background-position:center;
}
span{
font-size:48px;
}
.libai{
background-color:#000000;
font-size:18px;
font-family:"隶书";
color:#FFFFFF;
}
</style>
</head>
<body>
<p>  <span>静夜思</span><br><span class="libai">唐李白</span><br>床前明月光,<br>疑是地上霜。<br>举头望明月,<br>低头思故乡。</p>
</body>
</html>
```

步骤 3：编写完成后保存。

步骤 4：双击 HTML 文件，在浏览器中观看效果。

## 习题

1. 怎样将图片填满整张网页背景？
2. 怎样设置图片在页面中出现的位置？
3. 怎样实现背景图像关联？
4. 自己设计一个以图片为主要内容的网页，尽量多地使用各种 CSS 效果。

# 第 7 章 边框设计

在 HTML 中，通常使用表格来创建文本周围的边框，使用 CSS 边框属性，不但可以创建出效果出色的边框，并且可以应用于任何元素。本章重点介绍 CSS 设置边框的方法。

## 7.1 边框的定义

元素的边框就是围绕元素内容和内边距的一条或多条线。

每个边框有 3 个方面：宽度、样式和颜色。

### 7.1.1 边框样式

边框样式属性的语法结构如下：

> 选择器{border-style:none/hidden/dotted/dashed/solid/double/groove /ridge/inset/outset;}

其中各参数的含义如下。

- none：定义无边框。
- hidden：与"none"相同，主要用于解决表的边框冲突。
- dashed：定义虚线。在大多数浏览器中呈现为实线。
- dotted：定义点状边框。在大多数浏览器中呈现为实线。
- solid：定义实线。
- double：定义双线。双线的宽度等于 border-width 的值。
- groove：定义 3D 凹槽边框。其效果取决于 border-color 的值。
- ridge：定义 3D 垄状边框。其效果取决于 border-color 的值。
- inset：定义 3D inset 边框。其效果取决于 border-color 的值。
- outset：定义 3D outset 边框。其效果取决于 border-color 的值。
- inherit：规定应该从父元素继承边框样式。

【例 7-1】 设置边框样式（第 7 章\7-1.html），其效果如图 7-1 所示。

图 7-1 设置背景颜色

代码如下:

```html
<html>
<head>
<title>边框样式</title>
<style type="text/css">
p{
color:#000000;
font-size:20px;
}
.border1{
border-style:dashed;
}
.border2{
border-style:dotted;
}
.border3{
border-style:solid;
}
.border4{
border-style:double;
}
.border5{
border-style:groove;
}
.border6{
border-style:ridge;
}
.border7{
border-style:inset;
}
.border8{
border-style:outset;
}

</style>
</head>
<body>
<p class="border1">dashed</p>
<p class="border2">dotted</p>
<p class="border3">solid</p>
<p class="border4">double</p>
<p class="border5">groove</p>
<p class="border6">ridge</p>
<p class="border7">inset</p>
<p class="border8">outset</p>
</body>
```

</html>

注意：

在实际应用中也可以为一个边框定义多个样式。

【例 7-2】 分别定义四种边框样式：上边框双线、右边框实线、下边框虚线和一个左边框点状线（第 7 章\7-2.html），其效果如图 7-2 所示。

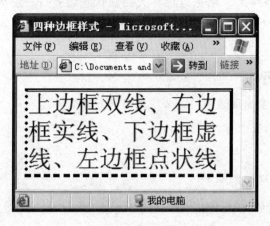

图 7-2　分别定义四种边框样式

说明：

边框定义时采用 top-right-bottom-left 的顺序，是一个顺时针方向旋转的顺序。

也可以分别定义单个边框的样式。使用的单边边框样式属性如下。

- border-top-style：顶边框样式。
- border-right-style：右边框样式。
- border-bottom-style：底边框样式。
- border-left-style：左边框样式。

因此 p {border-style: dashed; border-right-style: solid;} 的效果等价于如下语句：

    p {border-style: dashed solid dashed dashed;}

代码如下：

```
<html>
<head>
<title>四种边框样式</title>
<style type="text/css">
p{
color:#000000;
font-size:30px;
border-style:double solid dashed dotted;
}

</style>
</head>
```

```
<body>
<p class="border1">上边框双线、右边框实线、下边框虚线、左边框点状线</p>
</body>
</html>
```

**注意：**

如果没有声明边框样式，根据边框样式的默认属性是 none 的规则，元素不会有任何边框，边框宽度自动设置为 0，而不论定义的宽度是什么，如下面的代码将不会出现边框。

```
p{border-width: 10px;}
```

也就是说，如果需要出现边框，就必须声明一个边框样式。

## 7.1.2 边框的颜色

边框颜色属性的语法结构如下：

```
border-color:颜色值;
```

边框颜色的定义一次可以接受最多 4 个颜色值。可以使用任何类型的颜色值。例如可以是命名颜色，也可以是十六进制和 RGB 值。

例如，定义四个边框为不同颜色，代码如下：

```
p {
  border-style: solid;
  border-color: blue rgb(100%,35%,45%) #FFFFFF red;
}
```

如果颜色值是 1 个，代码如下：

```
p {
  border-style: solid;
  border-color: blue;
}
```

那么该段落的所用边框都是蓝色。

如果颜色值是 2 个，代码如下：

```
p {
  border-style: solid;
  border-color: blue red;
}
```

那么该段落的上下边框是蓝色，左右边框是红色。

如果颜色值是 3 个，代码如下：

```
p {
```

```
border-style: solid;
border-color: blue red black;
}
```

那么该段落的上边框是蓝色，左右边框是红色，下边框是黑色。

也可以分别定义单边边框的颜色，原理与单边样式相同，其语法结构如下：

```
border-top-color:颜色值;
border-right-color:颜色值;
border-bottom-color:颜色值;
border-left-color:颜色值;
```

例如：为 h1 元素设置实线黑色边框，而上边框为实线红色。代码如下：

```
h1 {
    border-style: solid;
    border-color: black;
    Border-top-color: red;
}
```

另外，边框颜色值还可以设置为透明（transparent）。

## 7.1.3 边框宽度

设置边框宽度的语法结构如下：

```
选择器{border-width:medium/thin/thick/长度值;}
```

其中各参数的含义如下。
- medium：中等边框。
- thin：细边框。
- thick：粗边框。
- 长度值：可以使用所有长度值。

为边框指定宽度有两种方法：可以指定长度值，比如 3 px；或者使用，thin、medium（默认值）和 thick 3 个关键字之一。

例如，给一个类使用默认宽度的实线边框，代码如下：

```
.content{
        border-width:medium;
        border-style:solid;}
```

例如，设置 h1 标签的边框为 3 像素的实线。代码如下：

```
p{border-style:solid;
border-width:5px;
}
```

【例 7-3】 设置边框宽度（第 7 章\7-3.html），其效果如图 7-3 所示。

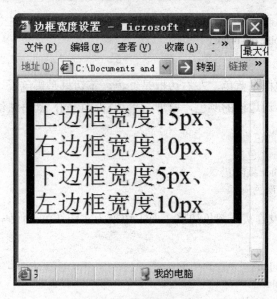

图 7-3 设置边框宽度

**说明：**

边框宽度的设置也可以按照"顶-右-底-左"的顺时针顺序设置，方法与边框颜色设置相似。

代码如下（第 7 章\7-3.html）：

```
<html>
<head>
<title>边框宽度设置</title>
<style type="text/css">
p{
color:#000000;
font-size:30px;
border-style:solid;
border-color:black;
border-width:15px 10px 5px 10px
}
</style>
</head>
<body>
<p class="border1">上边框宽度 15px、右边框宽度 10px、下边框宽度 5px、左边框宽度 10px</p>
</body>
</html>
```

**说明：**

也可以通过下列属性分别设置边框各边的宽度。

- border-top-width：顶边框宽度。
- border-right-width：右边框宽度。

- border-bottom-width：底边框宽度。
- border-left-width：左边框宽度。

如实例 7-3 中设置边框宽度的 CSS 代码也可以改写成如下形式：

```
p {
    border-style: solid;
    border-top-width: 15px;
    border-right-width: 10px;
    border-left-width: 10px;
    border-bottom-width: 5px;
}
```

### 7.1.4 边框综合属性

在 CSS 中，可以使用 border 属性定义边框的所有属性，其语法结构如下：

border:border-style border-width border-color;

使用 border 属性定义边框样式时，四个边框样式都是相同的，不能用 border 属性单独定义单侧边框属性。如果需要为每一侧的边框单独定义各自的样式，需要用到单侧边框的综合定义属性，具体用法如下：

border-top:border-style border-width border-color;
border-right:border-style border-width border-color;
border-bottom:border-style border-width border-color;
border-left:border-style border-width border-color;

【例 7-4】 设置图片的边框颜色为黑色，边框宽度为 10 个像素，边框样式为实线（第 7 章\7-4.html），其效果如图 7-4 所示。

图 7-4 边框综合属性设置

说明：

在使用中，各个属性的顺序不是固定的，可以随意交换，每个属性之间用空格分隔。

代码如下（第 7 章\7-4.html）：

```
<html>
<head>
<title>边框综合属性</title>
<style type="text/css">
.border{
border:black 5px solid;
}
</style>
</head>
<body>
<img class="border" src="1.gif" width="110" height="110" />
</body>
</html>
```

【例 7-5】 设置顶边框和底边框的属性，无左右边框（第 7 章\7-5.html），其效果如图 7-5 所示。

图 7-5　单独设置边框属性

说明：

如果无边框，在 CSS 中就可以不定义，因为默认值即不可见。同 border 属性一样，其中每个属性的顺序可以随意交换，每个属性之间用空格分隔开。

代码如下（第 7 章\7-5.html）：

```
<html>
<head>
<title>单独定义边框属性</title>
<style type="text/css">
.border{
```

```
border-top:#3300FF medium solid;
border-bottom:red 5px double;
}
</style>
</head>
<body>
<img class="border" src="1.gif" width="110" height="110" />
</body>
</html>
```

## 7.2 表格边框

表格在网页中很常见，利用 CSS 可以极大地改善表格的外观。

【例 7-6】 用 border 属性来设置表格边框（第 7 章\7-6.html），其效果如图 7-6 所示。

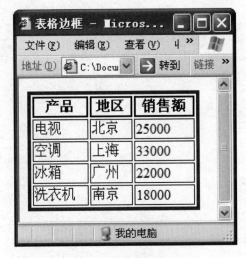

图 7-6 设置表格边框

说明：
该表格具有双线条边框，这是由于 table、th 及 td 元素都有独立的边框。
代码如下（第 7 章\7-6.html）：

```
<html>
<head>
<title>表格边框</title>
<style type="text/css">
table{
border:red 4px solid;      /*设置表格的边框*/
}
th{
border:black 2px solid;    /*设置表格标题行的边框*/
}
```

```
        td{
        border:black 1px solid;   /*设置单元格的边框*/
        }
        </style>
        </head>
        <body><table width="200" border="0">
          <tr>
            <th scope="col">产品</th>
            <th scope="col">地区</th>
            <th scope="col">销售额</th>
          </tr>
          <tr>
            <td>电视</td>
            <td>北京</td>
            <td>25000</td>
          </tr>
          <tr>
            <td>空调</td>
            <td>上海</td>
            <td>33000</td>
          </tr>
          <tr>
            <td>冰箱</td>
            <td>广州</td>
            <td>22000</td>
          </tr>
          <tr>
            <td>洗衣机</td>
            <td>南京</td>
            <td>18000</td>
          </tr>
        </table>
        </body>
        </html>
```

**说明：**

如果需要把表格显示为单线条边框，需要使用 border-collapse 属性。
border-collapse 属性设置是否将表格边框折叠为单一边框，代码如下：

```
    table
    {
    border-collapse:collapse;
    }
```

效果如图 7-7 所示。

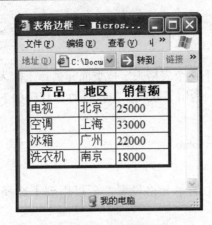

图 7-7　设置表格边框

## 7.3　应用实例

边框在页面的设计中经常用到，本例通过对多个标记应用边框样式使页面获得丰富的效果。实例的最终效果如图 7-8 所示。

图 7-8　边框应用实例

## 7.3.1 设计分析

本例在制作中用到了上下两个表格来定位页面元素。上部表格的第二行命名为"nav"类,希望单元格之间有分隔,利用了 border-right 属性,代码如下:

```
.nav td{
border-right:#666666 2px solid;
}
```

因为只是给"nav"类中的单元格设置,所以用到了选择器的嵌套。效果如图 7-9 所示。

图 7-9 导航栏元素间加分隔线

下部表格命名为"content"类,在外侧设置了边框,代码如下:

```
.content{
border:#666666 2px solid;
}
```

下部表格中的图片每个都需要设置边框,如果直接用 img 标记来添加样式,则上部表格中的"banner"也会被设置边框,所以对这些图片都命名为"book"类后统一设置 CSS 边框属性,代码如下:

```
.book{
border:dotted #000000 5px;
}
```

## 7.3.2 制作步骤

步骤 1:选择"开始",然后依次选择"程序"→"Adobe"→"Adobe DreamWeaver CS5"→"新建"→"HTML"命令。

步骤 2:在代码窗口中输入如下代码。

```
<html xmlns="http://www.w3.org/1999/xhtml">
<head>
<meta http-equiv="Content-Type" content="text/html; charset=utf-8" />
<title>屿菲艺术书店</title>
<style type="text/css">
.banner{
background:url(banner.jpg);
width:726px;
height:204px;
```

```css
color:#FFFFFF;
font-size:48px;
text-align:center;
}
.nav{
background-color:#006600;
height:20px;
color:#FFFFFF;
}
.nav td{
border-right:#666666 2px solid;
}
.content{
border:#666666 2px solid;
}
th{
text-align:left;
}
.book{
border:dotted #000000 5px;
}
td{
font-size:12px;
text-align:center;
}
</style>
</head>
<body>
<table width="726" border="0" cellpadding="0" cellspacing="0">
    <th class="banner" colspan="6" scope="col">屿菲艺术书店</th>
      <tr class="nav" >
      <td>首页</td>
      <td>摄影类</td>
      <td>绘画类</td>
      <td>音乐类</td>
      <td>动画类</td>
      <td>舞蹈类</td>
   </tr>
</table>
<table class="content" width="726" border="0">
    <tr>
    <td><img class="book" src="b1.jpg">   </td>
    <td><img class="book" src="b2.jpg">   </td>
    <td><img class="book" src="b3.jpg">   </td>
    <td><img class="book" src="b4.jpg" >   </td>
  </tr>
  <tr>
```

```
            <td>玫瑰圣经<br>
作者：（法）皮埃尔-约瑟夫·雷杜德 著
    <br>
    出版社：陕西师范大学出版社 </td>
            <td>素描的诀窍（经典版）
        <br>
        作者：［美］伯特·多德森 <br>
    出版社：上海人民美术出版社</td>
            <td>像艺术家一样思考（白金版）<br>
作者：（美）艾德华 著
    <br>
    出版社：北方文艺出版社</td>
            <td>大自然的艺术<br>
作者：（英）朱迪丝·马吉 著<br>
出版社：中信出版社 </td>
        </tr>
        <tr>
            <td><img class="book" src="b5.jpg"></td>
            <td><img class="book" src="b6.jpg"></td>
            <td><img class="book" src="b7.jpg"></td>
            <td><img class="book" src="b8.jpg"></td>
        </tr>
        <tr>
            <td>动物素描
        <br>
        作者：（美）道格·林德斯特兰<br>
出 版 社：上海人民美术出版社        </td>
            <td>油画的光与色
        <br>
        作者：（美）凯文·D.麦克弗森 著<br>
出 版 社：上海人民美术出版社        </td>
            <td>坦培拉绘画技法与教学
        <br>
        作者：刘孔喜 著
        <br>
        出 版 社：安徽美术出版社        </td>
            <td>莫奈<br>
作者：何政广 著<br>
出 版 社：河北教育出版社        </td>
        </tr>
    </table>
    </body>
    </html>
```

步骤 3：编写完成后保存。

步骤 4：双击 HTML 文件，在浏览器中观看效果。

## 习题

1. 怎样设定一个宽度为固定值的边框？
2. 边框定义时，对于上、下、左、右四个方向上定义的顺序是怎样的？
3. 在定义边框综合属性时，属性的顺序是否固定？各属性间怎样分隔？
4. 设计并制作一种立体边框效果。

# 第 8 章　表单的应用

表单是 HTML 网页中的重要元素，它通过收集来自用户的信息，并将信息发送给服务器端程序处理来实现网上注册、网上登录、网上交易等多种功能。本章主要介绍表单控件和属性及如何使用 CSS 控制表单样式。

## 8.1　表单概述

简单地说，"表单"是网页上用于输入信息的区域，用来实现网页与用户的交互、沟通。表单在互联网上随处可见，例如注册页面中的用户名、密码输入、性别选择和提交按钮等都是用表单相关的标记定义的。

在网页中，一个完整的表单通常由表单控件、提示信息和表单域 3 个部分构成。图 8-1 所示即为一个简单的 HTML 表单界面。

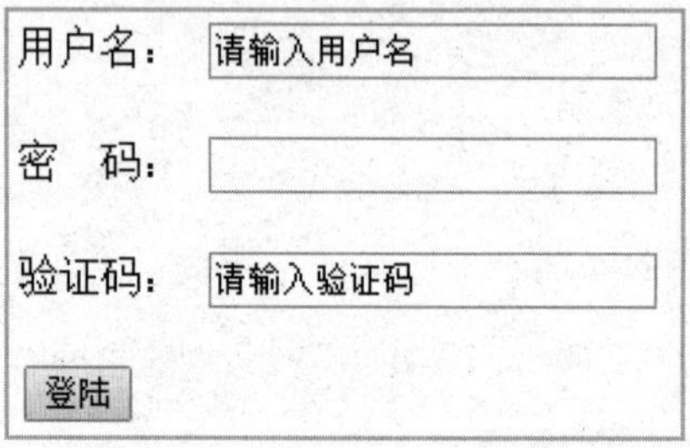

图 8-1　HTML 表单界面

① 表单控件：包含了具体的表单功能项，如单行文本输入框、密码输入框、复选框、提交按钮等。

② 提示信息：一个表单中通常还需要包含一些说明性的文字，提示用户进行填写和操作。

③ 表单域：相当于一个容器，用来容纳所有的表单控件和提示信息，可以通过它定义、处理表单数据所用程序的 URL 地址及数据提交到服务器的方法。如果不定义表单域，表单中的数据就无法传送到后台服务器。

## 8.2　创建表单

要想让表单中数据传送给后台服务器，就必须定义表单域，在 HTML 中，<form></form>标记用于定义表单域。即创建一个表单，以实现用户信息的收集和传递，<form></form>中的所有内容都会被提交给服务器。创建表单的基本语法格式如下：

```
<form action="url 地址" method="提交方法" name="表单名称">
```

各种表单控件
　　</form>

在上面的语法中，<form>与</form>之间的表单控件是由用户定义的，action、method 和 name 为表单标记<form>的常用属性，分别用于定义 url 地址、提交方法及表单名称。具体如下。

### 1. action

在表单收集到信息后，需要将信息传递给服务器进行处理，action 属性用于指定接收并处理表单数据的服务器的程序的 url 地址。例如：

　　<form action="index_action.asp" >

表示提交表单时，表单数据会传送到名为 index_action.asp 的页面去处理。

### 2. method

method 属性用于设置表单数据的提交方式，其取值为 get 或 post。其中 get 为默认值，其提交的数据将显示在浏览器的地址栏中，保密性差，且有数据量的限制。而 post 方式的保密性好，并且无数据量的限制，使用 method="post"可以大量的提交数据。

### 3. name

name 属性用于指定表单的名称，以区分同一个页面中的多个表单。

下面通过一个示例来演示表单的创建，如例 8-1 所示。

【例 8-1】 创建表单（第 8 章\8-1.html）。效果如图 8-2 所示。

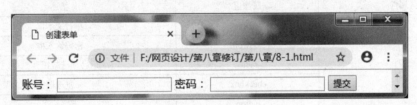

图 8-2　创建表单

**说明：**

<form>标记的属性并不会直接影响表单的显示效果。要想让一个表单有意义，就必须在<form>与</form>间添加相应的表单控件。

代码如下（第 8 章\8-1.html）：

```
<!doctype html>
<html>
<head>
<meta charset="utf-8">
<title>创建表单</title>
</head>
<body>
<form action="#" method="post">           <!--表单域-->
  账号：                                    <!--提示信息-->
  <input  type="text" name="songyang" />  <!--表单控件-->
```

```
密码:                                              <!--提示信息-->
    <input   type="password" name="mima" />       <!--表单控件-->
    <input   type="submit" value="提交"/>          <!--表单控件-->
</form>
</body>
</html>
```

## 8.3 input 控件

HTML 提供了一系列的表单控件，用于定义不同的表单功能，如密码输入框、文本域、下拉列表、复选框等，本节将学习 input 控件。

浏览网页时经常会看到单行文本输入框、单选按钮、复选框、提交按钮、重置按钮等，要想定义这些元素就需要使用 input 控件，创建 input 控件的语法格式如下：

  &lt;input   type="控件类型"/&gt;

在上面的语法中，&lt;input   /&gt;标记为单标记，type 属性为其基本的属性，其取值有多种，用于指定不同的控件类型。除 type 属性外，&lt;input   /&gt;标记还有很多属性，其常用属性如表 8-1 所示。

表 8-1  input 控件基本属性

| 属性 | 属性值 | 描述 |
| --- | --- | --- |
| type | text | 单行文本框 |
| | password | 密码输入框 |
| | radio | 单选按钮 |
| | checkbox | 复选框 |
| | button | 普通按钮 |
| | submit | 提交按钮 |
| | reset | 重置按钮 |
| | image | 图像形式的提交按钮 |
| | hidden | 隐藏域 |
| | file | 文件域 |
| name | 由用户自定义 | 控件名称 |
| value | 由用户自定义 | Input 控件中的默认文本值 |
| size | 正整数 | Input 控件在页面中的显示宽度 |
| readonly | readonly | 该控件内容为只读 |
| disabled | disabled | 第一次加载页面时禁用该控件 |
| checked | checked | 定义选择控件默认被选中的项 |
| maxlength | 正整数 | 控件允许输入的最多字符数 |
| autofocus | autofocus | 指定页面加载后是否自动获取焦点 |
| multiple | multiple | 指定输入框是否可以输入多个值 |

## 8.3.1 input 控件的 type 属性

【例 8-2】 input 控件的 type 属性（第 8 章\8-2.html）。效果如图 8-3 所示。

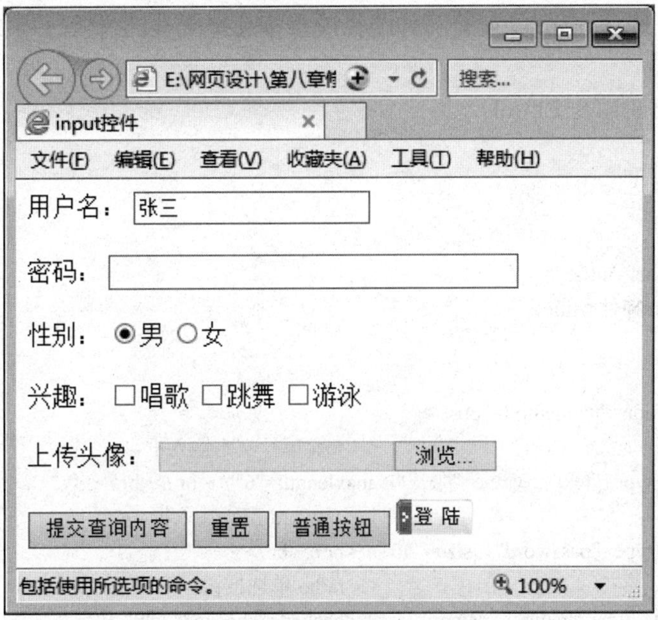

图 8-3 input 控件效果显示

说明：
<input>控件拥有多个 type 属性值，用于定义不同的控件类型。

① 单行文本框入框<input type="text"/>：常用来输入简短的信息，如用户名、账号、证件号码等，常用的属性有 name、value、maxlength。

② 密码输入框<input type="password"/>：用来输入密码，其内容将以圆点形式显示。

③ 单选按钮<input type="radio"/>：用于单项选择，如选择性别、是否操作等。需要注意的是，在定义单选按钮时，必须为同一组的选项指定相同的 name 值，这样"单选"才会生效。此外，可以对单选按钮应用 checked 属性，指定默认选中项。

④ 复选框<input type="checkbox" />：常用于多项选择，可对其应用 checked 属性，指定默认选中项。

⑤ 普通按钮<input type="button"/>：通常配合 javascript 脚本语言使用。

⑥ 提交按钮<input type="submit" />：是表单中的核心控件，用户完成信息的输入后，一般需要单击提交按钮才能完成表单数据的提交。可以对其应用 value 属性，改变提交按钮上的文本。

⑦ 重置按钮<input type="reset" />：当用户输入的信息有误时，可单击重置按钮，取消已输入的所有表单信息。可以对其应用 value 属性，改变重置按钮上的文本。

⑧ 图像形式的提交按钮<input type="image" />：图像形式的提交按钮与普通的提交按钮在功能上基本相同，只是用图像替代了默认的按钮，外观上更加美观。需要注意的是，要

用 src 属性指定图像的 url 地址。

⑨ 隐藏域<input type="hidden" />：隐藏域通常用于后台的程序，对于用户是不可见的。

⑩ 文件域<input type="file" />：当定义文件域时，页面中将出现一个文本框和一个"浏览…"按钮，用户可以填写文件路径或直接选择文件的方式，将文件提交给后台服务器。

代码如下（第 8 章\8-2.html）：

```html
<!doctype html>
<html>
<head>
<meta charset="utf-8">
<title>input 控件</title>
</head>
<body>
<form action="#" method="post">
    用户名：                    <!--text 单行文本输入框-->
    <input type="text" value="张三" maxlength="6" /><br /><br />
    密码：                      <!--password 密码输入框-->
    <input type="password" size="40" /><br /><br />
    性别：                      <!--radio 单选按钮-->
    <input type="radio" name="sex" checked="checked" />男
    <input type="radio" name="sex" />女<br /><br />
    兴趣：                      <!--checkbox 复选框-->
    <input type="checkbox" />唱歌
    <input type="checkbox" />跳舞
    <input type="checkbox" />游泳<br /><br />
    上传头像：
    <input type="file" /><br /><br />    <!--file 文件域-->
    <input type="submit" />       <!--submit 提交按钮-->
    <input type="reset" />        <!--reset 重置按钮-->
    <input type="button" value="普通按钮" />   <!--button 普通按钮-->
    <input type="image" src="images/login.gif" />   <!--image 图像域-->
    <input type="hidden" />       <!--hidden 隐藏域-->
</form>
</body>
</html>
```

### 8.3.2 input 控件的其他属性

除了 type 属性外，<input />标记还可以定义很多其他属性，以实现不同的功能，具体如表 8-1 所示。对于其中的某些属性，前面以经介绍过了，如 name、value 等，下面介绍 input 控件的其他几种常用属性。具体如下。

【例 8-3】 input 控件的 autofocus 属性（第 8 章\8-3.html）。效果如图 8-4 所示。

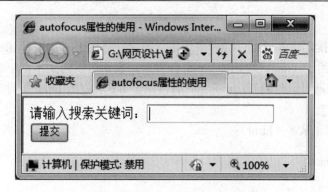

图 8-4  autofocus 属性自动获得焦点

说明：

在访问百度主页时，页面中的文字输入框会自动获得光标焦点，以便输入关键词。autofocus 属性用于指定页面加载后是否自动获得焦点。

代码如下（第 8 章\8-3.html）：

```
<!doctype html>
<html>
<head>
<meta charset="utf-8">
<title>autofocus 属性的使用</title>
</head>
<body>
<form action="#" method="get">
请输入搜索关键词：<input type="text" name="user_name" autocomplete="off " autofocus/><br/>
<input type="submit" value="提交" />
</form>
</body>
</html>
```

【例 8-4】 input 控件的 multiple 属性（第 8 章\8-4.html）。效果如图 8-5 所示。

图 8-5  multiple 属性应用

**说明：**

multiple 属性指定输入框可以选择多个值，该属性适用于 email 和 file 类型的 input 控件。multiple 属性用于 email 类型的 input 控件时，表示可以向文本框中输入多个 email 地址，多个地址之间通过逗号隔开；multiple 属性用于 file 类型的 input 控件时，表示可以选择多个文件。

代码如下（第 8 章\8-4.html）：

```
<!doctype html>
<html>
<head>
<meta charset="utf-8">
<title>multiple 属性的使用</title>
</head>
<body>
<form action="#" method="get">
电子邮箱：<input type="email" name="myemail" multiple/>  （如果电子邮箱有多个，请使用逗号分隔）<br/><br/>
上传照片：<input type="file" name="selfile" multiple/><br/><br/>
<input type="submit" value="提交"/>
</form>
</body>
</html>
```

## 8.4 其他表单控件

在 8.3 节中，介绍了 input 控件的一系列属性。除 input 控件外，HTML 中还包括 textarea、select、datalist 等控件，本节将对它们进行详细讲解。

### 8.4.1 textarea 控件

textarea 控件可以轻松创建多行文本输入框，其基本语法格式如下：

```
<textarea cols="每行中的字符数" rows="显示的行数">
    文本内容
</textarea>
```

**【例 8-5】** textarea 控件（第 8 章\8-5.html）。效果如图 8-6 所示。

**说明：**

textarea 控件可以轻松创建多行文本输入框，在上面语法格式中，cols 和 rows 为 <textarea>标记的必须属性，其中 cols 用来定义每行中的字符数，rows 用来定义多行文本输入框显示的行数，其取值都为正整数。textarea 控件还有几个可选属性，分别为 disabled、name 和 readonly，详见表 8-2。

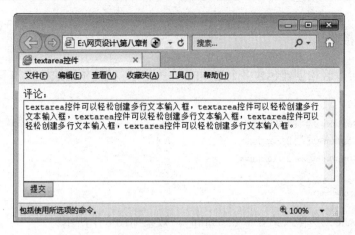

图 8-6 textarea 控件应用

表 8-2 input 控件基本属性

| 属性 | 属性值 | 描述 |
| --- | --- | --- |
| name | 用户自定义 | 控件名称 |
| readonly | readonly | 该控件内容为只读（不能编辑修改） |
| disabled | disabled | 第一次加载页面时禁用该控件 |

代码如下（第 8 章\8-5.html）：

```
<!doctype html>
<html>
<head>
<meta charset="utf-8">
<title>textarea 控件</title>
</head>
<body>
<form action="#" method="post">
评论：<br />
    <textarea cols="60" rows="8">
textarea 控件可以轻松创建多行文本输入框，textarea 控件可以轻松创建多行文本输入框，textarea 控件可以轻松创建多行文本输入框，textarea 控件可以轻松创建多行文本输入框，textarea 控件可以轻松创建多行文本输入框。
    </textarea><br />
    <input   type="submit" value="提交"/>
</form>
</body>
</html>
```

**注意**：各浏览器对 cols 和 rows 属性的理解不同，当对 textarea 控件应用 cols 和 rows 属性时，多行文本输入框在各浏览器中的显示效果可能会有差异。所以在实际工作中，更常用的方法是使用 CSS 的 width 和 height 属性来定义多行文本输入框的宽和高。

## 8.4.2  select 控件

select 控件可以轻松创建包含多个选项的下拉菜单，其基本语法格式如下：

```
<select>
    <option>选项 1</option>
    <option>选项 2</option>
    <option>选项 3</option>
    …
</select>
```

【例 8-6】 select 控件（第 8 章\8-6.html）。效果如图 8-7 所示。

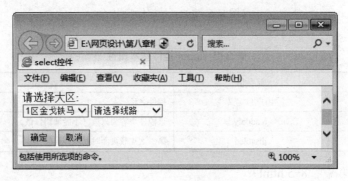

图 8-7  select 控件应用

说明：

select 控件用于在表单中添加一个下拉菜单，在上面语法格式中，<option></option>标记嵌套在<select></select>标记中，用于定义下拉菜单中的具体选项，每对<select></select>中至少包含一对<option></option>，在 HTML 中，可以为<select>和<option>定义属性，以改变下拉菜单的外观效果，详见表 8-3。

表 8-3  <select>和<option>标记的常用属性

| 标记名称 | 常用属性 | 描述 |
| --- | --- | --- |
| <select> | size | 指定下拉菜单的可见选项数（取值为正整数） |
| | multiple | 定义 multiple="multiple"时，下拉菜单将具有多项选择的功能，方法为按住 Ctrl 键同时选择多项 |
| <option> | selected | 定义 selected =" selected "时，当前项即为默认选中项 |

代码如下（第 8 章\8-6.html）：

```
<!doctype html>
<html>
<head>
<meta charset="utf-8">
<title>select 控件</title>
</head>
```

```html
<body>
<form action="#" method="post" name="example">
请选择大区:<br />
<select>
    <option>1 区金戈铁马</option>
    <option>2 区江山如画</option>
    <option>3 区气吞山河</option>
    <option>3 区刀光剑影</option>
</select>
<select>
    <option>请选择线路</option>
    <optgroup label="网通">
        <option>网通线路 1</option>
        <option>网通线路 2</option>
    </optgroup>
        <optgroup label="电信">
        <option>电信线路 1</option>
        <option>电信线路 2</option>
    </optgroup>
</select><br /><br />
<input type="submit" value="确定" />
<input type="button" value="取消" />
</form>
</body>
</html>
```

### 8.4.3 datalist 控件

datalist 控件用于定义输入框的选项列表。

【例 8-7】 datalist 控件（第 8 章\8-7.html）。效果如图 8-8 所示。

图 8-8 datalist 控件应用

**说明：**

datalist 控件用于定义输入框的选项列表，列表通过 datalist 内的 option 元素进行创建。如果用户不希望从列表中选择某项，也可以自行输入其他内容。datalist 控件通常与 input 控件配合使用来定义 input 的取值。在使用<datalist>标记时，需要通过 id 属性为其指定一个唯一的标识，然后为 input 控件指定 list 属性，将该属性设置为 option 控件对应的 id 属性值即可。

代码如下（第 8 章\8-6.html）：

```
<!doctype html>
<html>
<head>
<meta charset="utf-8">
<title>datalist 元素</title>
</head>
<body>
<form action="#" method="post">
请输入用户名：<input type="text" list="namelist"/>
<datalist id="namelist">
    <option>admin</option>
    <option>lucy</option>
    <option>lily</option>
</datalist>
<input type="submit" value="提交" />
</form>
</body>
</html>
```

**注意：**图 8-8 是在 Google Chrome 浏览器中的效果，在 IE 浏览器中的效果不能达到要求，如图 8-9 所示。

图 8-9　datalist 控件应用（IE）

## 8.5　CSS 控制表单样式

使用表单是为了提供更好的用户体验，在网页设计时，不仅需要设置表单相应的功能，而且希望表单控件的样式更加美观，使用 CSS 可以轻松控制表单控件的样式。本节通过一个具体的案例来讲解 CSS 对表单样式的控制。

【例 8-8】 CSS 美化表单（第 8 章\8-8.html）。效果如图 8-10 所示。

图 8-10　CSS 美化表单

具体实现步骤如下。

### 1．制作页面结构

新建 HTML 页面，代码如下：

```
<!doctype html>
<html>
<head>
<meta charset="utf-8">
<title>CSS 美化表单</title>
</head>
<body>
<form action="#" method="post" name="example" class="content">
    <fieldset class="fset">
        <legend class="white">个人注册</legend>
        <div class="box">
            <ul>
                <li class="one">用户账号：</li>
                <li><input type="text" maxlength="12" /></li>
            </ul>
            <ul>
                <li class="one">密码：</li>
                <li><input type="text" maxlength="12"/></li>
            </ul>
```

```
                <ul>
                    <li></li>
                    <li class="right"><input class="btn" type="button" /></li>
                </ul>
            </div>
        </fieldset>
    </form>
</body>
</html>
```

此时效果如图 8-11 所示。

图 8-11  HTML 界面结构

## 2. 定义 CSS 样式

使用内嵌式 CSS 样式表为页面添加样式，具体 CSS 代码如下：

```
<style type="text/css">
body{
    font-size:12px;
    font-family:"宋体";
}                            /*全局控制*/
body,ul,li,form,input{
    padding:0;
    margin:0;
    border:0;
    list-style: none;
}                            /*重置浏览器的默认样式*/
.content{
    width:400px;
```

```
            height:185px;
            background:url(images/bg03.jpg) 0 -27px;
            margin:20px auto; padding-top:15px;
        }
        .fset{
            width:350px;
            height:150px;
            margin:0 auto ;
            border:#999 1px solid;
            color:#FFF;
        }
        .white{
            color:#FFF;
            font-size:16px;
            font-weight:bold;
        }
        .box{
            margin:30px 50px 0;
        }
        li{
            padding-bottom:13px;
        }
        .right{
            padding-left:65px;
        }
        .one{
            width:70px;
            text-align:right;
            float: left;
        }
        .btn{
            width:83px;
            height:63px;
            background:url(images/btn.jpg) no-repeat right 0;
        }
    </style>
```

这时保存 HTML 文件，刷新页面，效果如图 8-10 所示。

## 8.6 应用实例

本章前几节主要介绍了表单及其属性、常见的表单控件及属性，以及如何使用 CSS 控制表单样式，为了使读者能更好地运用表单组织页面，本节将通过应用实例的形式制作一个百度注册表，最终效果如图 8-12 所示。

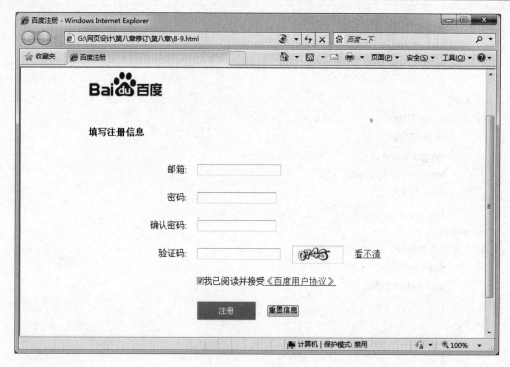

图 8-12　实例效果图

## 8.6.1　设计分析

一般的注册页面都是通过表单来统一收集用户信息，方便用户以后的登录使用，本案例将模仿百度的注册页面，使大家更熟练地掌握如何使用 CSS 控制表单样式。

具体实现步骤如下：

① 定义表单域，并填充大的背景图片；

② 通过无序列表<ul>来定义页面结构，最外层嵌套大盒子，设置大盒子的宽并居中显示；

③ 定义 li 左浮动，并设定左侧 li 的宽高、外边距等样式；

④ 定义验证码所在的行，右侧的 li 内部嵌套<ul>，设定内部 li 的高、外边距等样式，并令其左浮动；

⑤ 通过添加外边距来调整图片的位置。

## 8.6.2　制作步骤

### 1．制作页面结构

新建 HTML 页面，代码如下：

```
<!doctype html>
<html>
<head>
```

```html
<meta charset="utf-8">
<title>百度注册</title>
</head>
<body>
<form action="#" method="get">
<div class="box">
    <ul height="120">
        <li ><a href="#"><img src="images/logo_baidu.jpg" border="0"/></a></li>
        <li class="two"></li>
    </ul>
    <ul class="con">
        <li class="wenzi"><b>填写注册信息</b></li>
        <li class="two"></li>
    </ul>
    <ul class="con">
        <li class="one" align="right">邮箱:</li>
        <li class="two">
         <input type="email"   name="mail" multiple pattern="^\w+([-+.]\w+)*@\w+([-.]\w+)*\.\w+([-.]\w+)*$" required/>
          </li>
    </ul>
    <ul class="con">
        <li class="one" align="right">密码:</li>
        <li class="two">
         <input  type="password"  name="password" pattern="^[a-zA-Z]\w{5,17}$" required/>
         </li>
    </ul>
    <ul class="con">
        <li class="one" align="right">确认密码:</li>
        <li class="two">
         <input  type="password" name="confirm" required/>
         </li>
    </ul>
    <ul class="con">
        <li class="one" align="right">验证码:</li>
        <li class="two">
          <ul>
            <li><input type="text" name="yz"  required/></li>
            <li class="tu"><img src="images/yz.jpg"/></li>
            <li><a href="#">看不清</a></li>
          </ul>
         </li>
    </ul>
    <ul class="con">
        <li class="one"></li>
        <li class="two">
          <input type="checkbox" checked="checked"/>我已阅读并接受<a href="#">《百度用户协
```

议》</a>
                </li>
            </ul>
            <ul class="con">
                <li class="one"></li>
                <li class="two">
                    <ul>
                        <li class="zc"><input type="image" src="images/button.jpg" /></li>
                        <li><input type="reset" value="重置信息" /></li>
                    </ul>
                </li>
            </ul>
        </div>
    </form>
</body>
</html>

## 2. 定义 CSS 样式

使用内嵌式 CSS 样式表为页面添加样式，具体 CSS 代码如下：

```css
<style type="text/css">
*{
    margin:0;
    padding:0;
    list-style:none;
}
.box{
    margin:100px auto;
    width:600px;
}
.wenzi{margin-top: 50px;}
.con{height:50px;}
.one{
    float: left;
    width:180px;
    height:50px;
    text-align: right;
    margin-right: 20px;
    line-height: 50px;
}
.two{
    float: left;
    line-height: 50px;
}
.con ul li{
    float: left;
    margin-right: 20px;
```

```
            height:50px;
            line-height: 50px;
}
.tu img{margin-top: 10px;}
.zc{margin-top: 10px;}
</style>
```

这时保存 HTML 文件,刷新页面,效果如图 8-12 所示。

## 习题

1. 在网页中,表单的作用是什么?举例说明它的应用场合。
2. 完整的表单由哪些部分构成?
3. 简述提交表单后数据的处理过程。
4. 利用表单控件制作一个常见的用户登录界面,并设计其 CSS 样式。

# 第 9 章  制作实用的菜单

在网页中利用菜单来实现导航必不可少,需要根据网站的特点设计不同风格的导航菜单,本章主要学习项目列表和导航菜单的制作。

## 9.1  关于 ul 和 li 的样式详解

列表是网页设计时经常使用的元素,由于列表种类多样,很多文本内容都可以用列表的方式来组织,如菜单选项等。应用 CSS 列表属性允许设置、改变列表项标志,或者将图像作为列表项标志。

通常的项目列表主要采用无顺序列表<ul>或顺序列表<ol>,然后配合<li>标记来显示列表内容。

【例 9-1】 无序列表<ul>和<li>的使用(第 9 章\9-1.html)。其效果如图 9-1 所示。

说明:各列表项左侧的圆点是列表项的标志。

代码如下:

```
<html>
<head>
<title>无序列表</title>
</head>
<body>
<h3>数码产品</h3>
<ul>
    <li>手机通信</li>
    <li>电脑产品</li>
    <li>摄影摄像</li>
    <li>数码影音</li>
    <li>办公用品</li>
</ul>
</body>
</html>
```

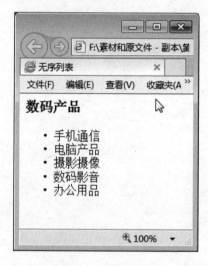

图 9-1  无序列表

### 9.1.1  使用 list-style-type 属性

列表标志是出现在各列表项旁边的图形。设置和修改列表标志类型使用属性 list-style-type,语法如下:

    选择器{list-style-type:none/disc/circle/square/demical/lower-alpha
    /upper-alpha/lower-roman/upper-roman;}

list-style-type 属性的属性值有很多，常用的几个参数含义如下。
- none：不使用项目符号。
- disc：实心圆。
- circle：空心圆。
- square：实心方块。
- demical：阿拉伯数字。
- lower-alpha：小写英文字母。
- upper-alpha：大写英文字母。
- lower-roman：小写罗马数字。
- upper-roman：大写罗马数字。

【例 9-2】 把无序列表中的列表项标志设置为实心方块（第 9 章\9-2.html）。其效果如图 9-2 所示。

代码如下：

图 9-2 列表项标志设置为方块

```
<html>
<head>
<title>方块列表标志</title>
<style>
ul{
    font-size:14px;
    color:red;
    list-style-type:square;      /* 列表项标志设置为实心方块 */
}
</style>
</head>
<body>
<h3>数码产品</h3>
<ul>
    <li>手机通信</li>
    <li>电脑产品</li>
    <li>摄影摄像</li>
    <li>数码影音</li>
    <li>办公用品</li>
</ul>
</body>
</html>
```

## 9.1.2 使用 list-style-position 属性

定义项目符号在列表中的显示位置使用 list-style-position 属性，它确定标志出现在列表项内容之外还是内容内部。语法结构如下：

选择器{list-style-position:inside/outside;}

其中各参数的含义如下。
- outside（外部）：将标志放在离列表项边框边界一定距离处。
- inside（内部）：将标志放在好像它们是插入在列表项内容最前面的行内元素一样。

默认值是 outside。

【例 9-3】 列表标志位置（第 9 章\9-3.html）。其效果如图 9-3 所示。

图 9-3 列表标志位置

代码如下：

```
<html>
<head>
<title>列表标志位置</title>
<style>
.inside
{
list-style-position: inside;
}
.outside
{
list-style-position: outside;
}
</style>
</head>
<body>
<h3>数码产品(list-style-position 的值是 "inside")</h3>
<ul class="inside">
  <li>手机通信</li>
  <li>电脑产品</li>
```

```
            <li>摄影摄像</li>
            <li>数码影音</li>
            <li>办公用品</li>
        </ul>
        <h3>数码产品(list-style-position 的值是 "outside")</h3>
        <ul class="outside">
            <li>手机通信</li>
            <li>电脑产品</li>
            <li>摄影摄像</li>
            <li>数码影音</li>
            <li>办公用品</li>
        </ul>
    </body>
</html>
```

## 9.1.3 使用 list-style-image 属性

使用图片来替换项目符号使用 list-style-image 属性来设置。语法结构如下:

选择器{list-style-image:none/url;}

list-style-image 属性可以取两个值，含义如下。
- none：没有替换的图片。
- url：要替换图片的路径。

【例9-4】 把图像设置为列表中的项目标记（第 9 章\9-4.html）。其效果如图 9-4 所示。

图 9-4  图像列表标志

代码如下：

```
<html>
<head>
<title>图像列表标志</title>
```

```
<style>
ul{
    font-size:18px;
    list-style-image:url(1.gif);    /*设置图像 1.gif 为项目标记*/
}
</style>
</head>
<body>
<h3>数码产品</h3>
<ul>
    <li>手机通信</li>
    <li>电脑产品</li>
    <li>摄影摄像</li>
    <li>数码影音</li>
    <li>办公用品</li>
</ul>
</body>
</html>
```

### 9.1.4  list-style 属性

list-style 简写属性可以在一个声明中设置所有的列表属性，其语法结构如下：

选择器{li-style:list-style-type/list-style-image/list-style-position;}

其参数具体的含义如下。
- list-style-type：设置列表项标记的类型。
- list-style-position：设置在何处放置列表项。
- list-style-image：使用图像来替换列表项。

【例 9-5】 列表的简写属性的使用（第 9 章\9-5.html）。其效果如图 9-5 所示。

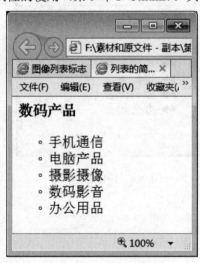

图 9-5  列表的简写属性

代码如下：

```html
<html>
<head>
<title>列表的简写属性</title>
<style>
ul{
    font-size:18px;
    list-style:circle outside;
}
</style>
</head>
<body>
<h3>数码产品</h3>
<ul>
  <li>手机通信</li>
  <li>电脑产品</li>
  <li>摄影摄像</li>
  <li>数码影音</li>
  <li>办公用品</li>
</ul>
</body>
</html>
```

**注意：**

list-style 值的位置可以互换，如果忽略了某个值，就会使用其默认值。

## 9.2 纵向导航菜单的制作

在网页的左侧或右侧，经常需要制作纵向的导航菜单，利用项目列表可以方便地制作出这些效果，配合各种 CSS 属性的设置可以达到更加丰富的导航效果。

### 9.2.1 菜单制作步骤

应用 ul 和 li 元素来制作菜单时，首先确定菜单中每一项的内容并放在一个 li 元素中，设定 li 的宽度和高度。然后，给菜单做些修饰。可以采用设置背景颜色或使用背景图片的方式，并用边线将菜单的各个部分分开。

【例 9-6】 制作一个纵向导航菜单（第 9 章\9-6.html）。效果如图 9-6 所示。

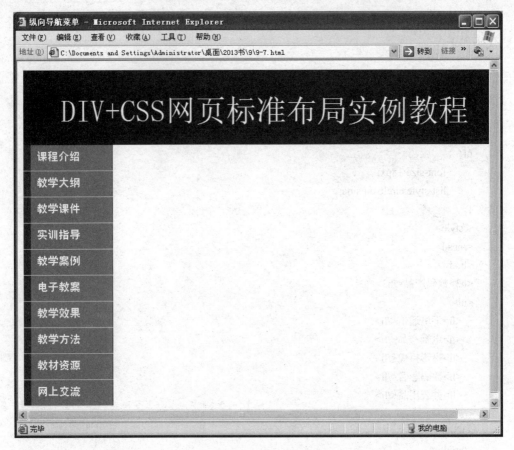

图 9-6  纵向导航菜单

## 9.2.2  制作菜单内容和结构部分

在制作任何页面前,都要先区分页面哪里是内容和结构部分,哪里是表现部分。对于图 9-6 所示的效果首先建立 HTML 相关结构,将菜单的各个项目用项目列表<ul>表示出来。结构方面看,顶部的"DIV+CSS 网页标准布局实例教程"与左侧的纵向菜单部分是两个部分,内容应该分开。所以页面的 HTML 代码如下:

```
<body>
<p class="banner">DIV+CSS 网页标准布局实例教程</p>
<ul>
    <li><a href="#">课程介绍</a></li>
    <li><a href="#">教学大纲</a></li>
    <li><a href="#">教学课件</a></li>
    <li><a href="#">实训指导</a></li>
    <li><a href="#">教学案例</a></li>
    <li><a href="#">电子教案</a></li>
    <li><a href="#">教学效果</a></li>
    <li><a href="#">教学方法</a></li>
```

```
            <li><a href="#">教材资源</a></li>
            <li><a href="#">网上交流</a></li>
        </ul>
    </body>
```

此时的页面效果如图 9-7 所示，由于没有设置 CSS 样式，仅仅是普通的文本和项目列表。

图 9-7　HTML 的效果

### 9.2.3　CSS 代码编写

首先定义<ul>样式的项目符号不显示，设定<ul>的宽度和背景色。

```
ul{
    list-style-type:none;                    /* 不显示项目符号 */
    margin:0px;
    padding:0px;
    width:150px;
    background-color:#729e00;
}
```

页面效果如图 9-8 所示。

图 9-8 &lt;ul&gt;在定义了样式后的效果

接下来定义&lt;li&gt;部分的样式。为了让项目之间能隔开。为&lt;li&gt;底部添加边框。代码如下：

```
li{
    border-bottom:1px solid #b9ff00;   /* 添加下划线 */
}
```

定义完后的页面效果如图 9-9 所示。

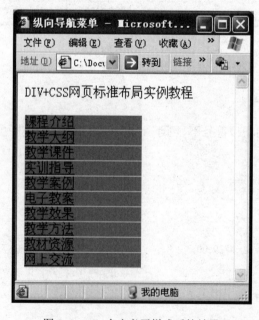

图 9-9 &lt;li&gt;在定义了样式后的效果

再为<li>中的<a>标记设置块元素,定义字体、字号和颜色等。为了丰富效果,在左右设置不同颜色和粗细的边框。

代码如下:

```
li a{
    display:block;                          /* 区块显示 */
    padding:10px 5px 10px 10px;             /* 内边距 */
    color:#FFFFFF;
    text-decoration:none;
    border-left:12px solid #3c5300;         /* 左边框 */
    border-right:1px solid #3c5300;         /* 右边框 */
    font-size: 18px;
    font-family: "黑体";
}
```

效果如图 9-10 所示。

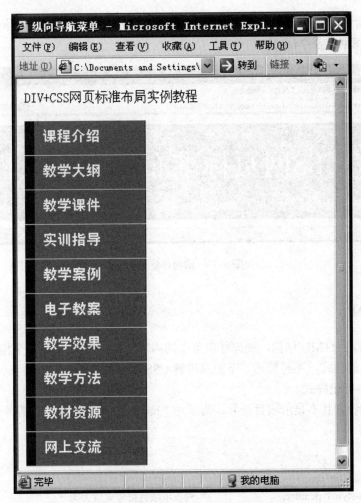

图 9-10　纵向菜单在定义列表属性后的效果

最后完成顶部 "DIV+CSS 网页标准布局实例教程"的样式设定,代码如下:

```
.banner{                            /* bannner 部分 */
    background-color:#003366;       /* 设置背景色 */
    width:800px;                    /* 设置宽度 */
    height:120px;                   /* 设置高度 */
    font-size:50px;                 /* 文字大小 */
    color:#FFFFFF;                  /* 文字颜色 */
    text-align:center;              /* 居中对齐 */
    padding-top:40px;               /* 上内边距 */
    margin:0px;                     /* 外边距为 0px */
}
```

完整的代码见配套实例第 9 章\9-6.html。

## 9.3 应用实例

本节在前面纵向导航菜单的基础上学习制作横向导航菜单的方法,实例的最终效果如图 9-11 所示(第 9 章\9-7.html)。

图 9-11 横向导航菜单

### 9.3.1 设计分析

首先还是确定 HTML 结构,横向导航菜单的内容与结构与例 9-6 完全相同,只是 CSS 部分设置了不同的样式,不再赘述。下面只讲解 CSS 部分的设置。

**1. 定义<ul>标记样式**

对<ul>标记设置其不显示项目符号,为了与 "banner" 没有距离,设置外边距为 0。代码如下:

```
ul{
    font-size:16px;
    list-style-type:none;           /* 列表项项目符号设置为无 */
    margin:0px;                     /* 外边距为 0px */
}
```

设置后效果如图 9-12 所示。

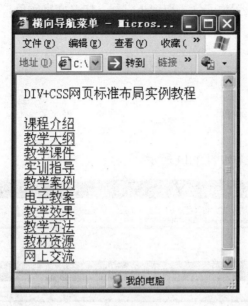

图 9-12 &lt;ul&gt;设置样式后的页面效果

## 2. 定义&lt;li&gt;部分的样式

为了实现项目水平显示,设置&lt;li&gt;的 float 属性为左浮动(float 的详细用法在第 11 章学习)。为了区分开各项目,为&lt;li&gt;的左侧、右侧及下方添加边框。

代码如下:

```
li{
    float:left;                     /* 左浮动 */
    background-color:#1E729F;
    padding:5px;
    border-bottom:5px solid #000000;
    border-left:3px solid   #aaaaaa;
    border-right:3px solid #aaaaaa;
    text-align:center;
}
```

定义完成后的页面效果如图 9-13 所示。

图 9-13 &lt;li&gt;设置样式后的页面效果

### 3. 定义<a>标记样式

为<li>中的<a>标记设置块元素，取消下划线、定义文字颜色。
代码如下：

```
li a{
    display:block;
    color:white;
    text-decoration:none;
}
```

定义完成后的页面效果如图 9-14 所示。

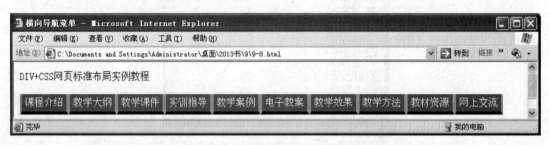

图 9-14 <a>设置样式后的页面效果

## 9.3.2 制作步骤

步骤 1：选择"开始"，然后依次选择"程序"→"Adobe"→"Adobe DreamWeaver CS5"→"新建"→"HTML"命令。

步骤 2：在代码窗口中输入如下代码。

```
<html>
<head>
<title>横向导航菜单</title>
<style>
.banner{                        /* bannner 部分 */
    background-color:#003366;   /* 设置背景色 */
    width:800px;                /* 设置宽度 */
    height:120px;               /* 设置高度 */
    font-size:50px;             /* 文字大小 */
    color:#FFFFFF;              /* 文字颜色*/
    text-align:center;          /* 居中对齐 */
    padding-top:40px;           /* 上内边距 */
    margin:0px;                 /* 外边距为 0px */
}
ul{
    font-size:16px;
    list-style-type:none;       /* 列表项项目符号设置为无 */
    margin:0px;                 /* 外边距为 0px */
```

}
li{
　　float:left;                              /* 左浮动 */
　　background-color:#1E729F;
　　padding:5px;
　　border-bottom:5px solid #000000;
　　border-left:3px solid　#aaaaaa;
　　border-right:3px solid #aaaaaa;
　　text-align:center;
}
li a{
　　display:block;
　　color:white;
　　text-decoration:none;                    /* 取消下划线显示 */
}
&lt;/style&gt;
&lt;/head&gt;
&lt;body&gt;
&lt;p class="banner"&gt;DIV+CSS 网页标准布局实例教程&lt;/p&gt;
&lt;ul&gt;
　　&lt;li&gt;&lt;a href="#"&gt;课程介绍&lt;/a&gt;&lt;/li&gt;
　　&lt;li&gt;&lt;a href="#"&gt;教学大纲&lt;/a&gt;&lt;/li&gt;
　　&lt;li&gt;&lt;a href="#"&gt;教学课件&lt;/a&gt;&lt;/li&gt;
　　&lt;li&gt;&lt;a href="#"&gt;实训指导&lt;/a&gt;&lt;/li&gt;
　　&lt;li&gt;&lt;a href="#"&gt;教学案例&lt;/a&gt;&lt;/li&gt;
　　&lt;li&gt;&lt;a href="#"&gt;电子教案&lt;/a&gt;&lt;/li&gt;
　　&lt;li&gt;&lt;a href="#"&gt;教学效果&lt;/a&gt;&lt;/li&gt;
　　&lt;li&gt;&lt;a href="#"&gt;教学方法&lt;/a&gt;&lt;/li&gt;
　　&lt;li&gt;&lt;a href="#"&gt;教材资源&lt;/a&gt;&lt;/li&gt;
　　&lt;li&gt;&lt;a href="#"&gt;网上交流&lt;/a&gt;&lt;/li&gt;
&lt;/ul&gt;

&lt;/body&gt;
&lt;/html&gt;
```

步骤 3：编写完成后保存。

步骤 4：双击 HTML 文件，在浏览器中观看效果。

# 习题

1. 制作无序列表应使用哪些标记？
2. 怎样使用图片替换项目符号？
3. 怎样利用 ul,li 标记来制作一个纵向导航菜单。
```

# 第 10 章 使用 CSS 美化浏览器效果

对网页中的超链接和鼠标指针进行 CSS 样式的设置可以使页面效果更加丰富多彩，本章主要介绍网页中超链接和鼠标的 CSS 效果的设置。

## 10.1 使用 CSS 控制超链接

超链接，简单地说是指从网页上的一个当前位置指向一个目标的连接关系，这个目标可以是另一个网页，也可以是相同网页上的不同位置，还可以是一个图片，一个电子邮件地址，一个文件，甚至是一个应用程序。而在一个网页中用来超链接的对象，可以是一段文本或者是一个图片。通过 CSS 样式来控制超链接样式，可以使页面的效果更加丰富。

在 HTML 语言中，超链接是通过<a>标记来实现的，具体用法如下：

<a href="http://www.baidu.com">百度链接</a>

网页中对于有链接的文本，在浏览器中，为了和其他普通文本相区别，都会设置特殊的颜色和修饰。效果如图 10-1 所示。

如果用户想获得更多的超链接表现效果，就需要用到 CSS 的伪类，超链接属性包括 4 个伪类选择符，链接的不同状态都可以不同的方式显示，这些状态包括：活动状态（:active）、已被访问状态（:visited）、未被访问状态（:link）和鼠标悬停状态（:hover）。

图 10-1 超链接效果

### 1．:link 伪类

:link 伪类用来修饰页面中没有访问过的含有超链接的内容。

本例中，超链接未访问效果为文字颜色为绿色、无下划线。

代码如下：

```
a:link{                          /* 未访问过超链接的样式 */
    color:green;                 /* 文字颜色为绿色 */
    text-decoration:none;        /* 无下划线 */
}
```

在浏览器中，含有链接的文本为了和其他普通文本相区别，都会设置特殊的颜色和修饰。只有设置新的 CSS 表现效果来替代原有的表现效果，链接的显示样式才能改变。

### 2．:hover 伪类

:hover 伪类用来修饰页面中含有超链接的内容在鼠标悬停下的显示效果。

本例中，超链接鼠标悬停下的显示效果为文字颜色红色、有下划线。

代码如下:

```
a:hover{                           /* 鼠标悬停下的超链接 */
    color:#FF0000;                 /* 文字颜色为红色 */
    text-decoration:underline;     /* 下划线 */
}
```

### 3．:visited 伪类

:vistet 伪类用来修饰页面中含有超级链接的内容在访问后的显示效果。

本例中,访问过的超链接的显示效果为文字颜色黑色、无下划线。

代码如下:

```
a:visited{                         /* 访问过的超链接 */
    color:#000000;                 /* 文字颜色为黑色 */
    text-decoration:none;          /* 无下划线 */
}
```

### 4．:active 伪类

:active 伪类用来修饰页面中含有超链接的内容被激活后的显示效果。同:link 伪类一样,也可以在其中定义文样式、字体大小、背景等一些属性。

【例 10-1】 CSS 超链接属性控制效果(第 10 章\10-1.html),如图 10-2 所示。

图 10-2　CSS 设置超链接属性

说明:

在 CSS 定义中,a:hover 必须位于 a:link 和 a:visited 之后,这样才能生效! a:active 必须位于 a:hover 之后,这样才能生效!

代码如下:

```
<html>
<head>
```

```html
<meta http-equiv="Content-Type" content="text/html; charset=utf-8" />
<title>CSS 超链接</title>
<style type="text/css">
body{
padding:0px;
margin:0px;
background-color:#CCCCCC;
}
.header{
height:100px;
background-color:#000066;
font-family:"黑体";
font-size:54px;
color:#FFFFFF;
text-align:center;
vertical-align:middle;
}
.menu{
background-color:white;
font-family:"仿宋";
font-size:18px;
color:#333333;
text-align:center;
}
.center{
background-color:#009900;
text-align:center;
}
.footer{
background-color:#000066;
font-size:14px;
text-align:center;
color:#FFFFFF;
}
a:link{                          /* 未访问过超链接的样式 */
    color:green;                 /* 文字颜色为绿色 */
    text-decoration:none;        /* 无下划线 */
}
a:visited{                       /* 访问过的超链接 */
    color:#000000;               /* 文字颜色为黑色 */
    text-decoration:none;        /* 无下划线 */
}
a:hover{                         /* 鼠标悬停下的超链接 */
    color:#FF0000;               /* 文字颜色为红色 */
    text-decoration:underline;   /* 下划线 */
}
</style>
```

```
</head>
<body>
<table width="100%" border="0" cellpadding="0" cellspacing="1">
  <tr>
     <td colspan="5" class="header">花果山福地,水帘洞洞天</td>
  </tr>
  <tr class="menu">
     <td><a href="#">首页</a></td>
     <td><a href="#">景区介绍</a></td>
     <td><a href="#">神话传说</a></td>
     <td><a href="#">联系我们</a></td>
     <td><a href="#">游客留言</a></td>
  </tr>
  <tr>
     <td colspan="5" class="center"><img src="banner.jpg" /></td>
  </tr>
  <tr>
     <td colspan="5" class="footer">连云港市花果山分景区</td>
  </tr>
</table>
<p> </p>
</body>
</html>
```

## 10.2 按钮式超链接

为了有更好的效果,网页中的超链接常常制作成按钮式的,改变 CSS 超链接属性的背景色和边框样式,可以方便地制作出按钮式超链接效果。

【例 10-2】 按钮式超链接效果(第 10 章\10-2.html),如图 10-3 所示。

图 10-3 按钮式超链接

**说明：**

利用背景色和边框可以模拟出按钮效果，对上、左边框使用较浅颜色，右、底边框使用较深颜色可以制作出弹起来的按钮，如图 10-4 所示。

对上、左边框使用较深颜色，右、底边框使用较浅颜色并改变背景色可以制作出陷下去下的按钮，如图 10-5 所示。

图 10-4　弹起的按钮效果 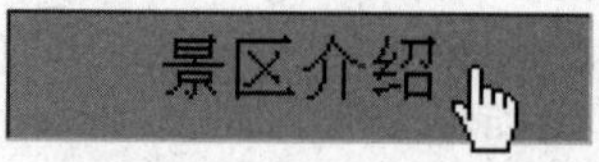　　　　　图 10-5　陷下去的按钮效果

代码如下：

```
<html>
<head>
<meta http-equiv="Content-Type" content="text/html; charset=utf-8" />
<title>按钮式超链接</title>
<style type="text/css">
body{
padding:0px;
margin:0px;
background-color:#CCCCCC;
}
.header{
height:100px;
background-color:#000066;
font-family:"黑体";
font-size:54px;
color:#FFFFFF;
text-align:center;
vertical-align:middle;
}
.menu{
background-color:#000044;
font-family:"仿宋";
font-size:18px;
color:#333333;
text-align:center;
}
.center{
background-color:#009900;
text-align:center;
}
.footer{
background-color:#000066;
font-size:14px;
```

```css
text-align:center;
color:#FFFFFF;
}
a{
width:150px;
margin:0px;
padding:5px 0px;
}
a:link,a:visited{          /* 未访问过和已访问过的超链接的样式 */
    background-color:#666666;
    border-top: 1px solid #CCCCCC;      /* 边框实现阴影效果 */
    border-left: 1px solid #CCCCCC;
    border-bottom: 1px solid #333333;
    border-right: 1px solid #333333;
    color:white;                         /* 文字颜色为白色 */
    text-decoration:none;                /* 无下划线 */
}
a:hover{                   /* 鼠标悬停下的超链接 */
    background-color:#999999;            /* 改变背景色 */
    border-top: 1px solid #333333;       /* 改变边框颜色，实现动态效果 */
    border-left:1px solid #333333;
    border-bottom:1px solid #CCCCCC;
    border-right:1px solid #CCCCCC;
    color:black;                         /* 文字颜色为黑色 */
    text-decoration:none;                /* 无下划线 */
}
</style>
</head>
<body>
<table width="79%" border="0" cellpadding="0" cellspacing="0">
  <tr>
    <td colspan="5" class="header">花果山福地，水帘洞洞天</td>
  </tr>
  <tr class="menu">
    <td height="33"><a href="#">首页</a></td>
    <td><a href="#">景区介绍</a></td>
    <td><a href="#">神话传说</a></td>
    <td><a href="#">联系我们</a></td>
    <td><a href="#">游客留言</a></td>
  </tr>
  <tr>
    <td colspan="5" class="center"><img src="banner.jpg" /></td>
  </tr>
  <tr>
    <td colspan="5" class="footer">连云港市花果山分景区</td>
  </tr>
</table>
```

```
<p> </p>
</body>
</html>
```

注意:

本例中未访问过和已访问过的超链接采用了相同的样式。

## 10.3 浮雕式超链接

在页面的超链接样式设计中,如果将具有浮雕效果的背景图片加入到超链接的伪类中,可以制作出非常丰富的效果。

【例 10-3】 浮雕式超链接效果(第 10 章\10-3.html),如图 10-6 所示。

图 10-6 浮雕式超链接

说明:

浮雕式按钮背景图片可以利用 Photoshop 或 Fireworks 等图形图像处理软件来设计制作。

对 a:link 和 a:visited 使用相同的背景图片,如图 10-7 所示。

对于 a:hover 则设置不同的背景图片,如图 10-8 所示。

图 10-7 a:link 和 a:visited 的背景图片　　　　图 10-8 a:hover 的背景图片

代码如下:

```
<html>
<head>
<meta http-equiv="Content-Type" content="text/html; charset=utf-8" />
```

```
<title>浮雕式超链接</title>
<style type="text/css">
body{
padding:0px;
margin:0px;
background-color:#CCCCCC;
}
.header{
height:100px;
background-color:#000066;
font-family:"黑体";
font-size:54px;
color:#FFFFFF;
text-align:center;
vertical-align:middle;
}
.menu{
background-color:#000044;
font-family:"仿宋";
font-size:18px;
color:#333333;
text-align:center;
}
.center{
background-color:#009900;
text-align:center;
}
.footer{
background-color:#000066;
font-size:14px;
text-align:center;
color:#FFFFFF;
}
a{
width:150px;
height:35px;
margin:0px;
padding:5px 0px;
}
a:link,a:visited{         /* 未访问过和已访问过的超链接的样式 */
    background:url(b1.jpg) no-repeat;        /* 改变背景图片 */
    color:white;                             /* 文字颜色为白色 */
    text-decoration:none;                    /* 无下划线 */
}
a:hover{                                     /* 鼠标悬停下的超链接 */
    background:url(b2.jpg) no-repeat;        /* 改变背景图片 */
    color:black;                             /* 文字颜色为黑色 */
```

```
            text-decoration:none;                    /* 无下划线 */
    }
  </style>
  </head>
  <body>
  <table width="79%" border="0" cellpadding="0" cellspacing="0">
    <tr>
      <td colspan="5" class="header">花果山福地，水帘洞洞天</td>
    </tr>
    <tr class="menu">
      <td height="33"><a href="#">首页</a></td>
      <td><a href="#">景区介绍</a></td>
      <td><a href="#">神话传说</a></td>
      <td><a href="#">联系我们</a></td>
      <td><a href="#">游客留言</a></td>
    </tr>
    <tr>
      <td colspan="5" class="center"><img src="banner.jpg" /></td>
    </tr>
    <tr>
      <td colspan="5" class="footer">连云港市花果山分景区</td>
    </tr>
  </table>
  <p> </p>
  </body>
  </html>
```

## 10.4 鼠标特效

在 Windows 环境中经常看到不同形状的鼠标，在网页中，利用 CSS 的 cursor 属性也可以定义当鼠标在元素上悬停时鼠标显示的样式。其语法结构如下：

  cursor:auto/crosshair/default/hand/move/help/wait/text/w-resize/s-resize/n-resize/e-resize/ne-resize/sw-resize/se-resize/nw-resize/pointer/url(url);

cursor 属性的值有很多，其中比较常用的几个如表 10-1 所示。

表 10-1  cursor 属性常用的值

| | | | |
|---|---|---|---|
| cursor: crosshair; | ＋ | cursor: auto; | 默认值 |
| cursor: pointer;<br>cursor: hand;(IE5) | 🖑 | cursor:not-allowed; | 🚫 |
| cursor: wait; | ⌛ | cursor: progress; | ▧ |
| cursor: help; | ▸? | cursor: default; | ▸ |
| cursor: no-drop; | ▸⊘ | text; | I |
| cursor: move; | ✥ | cursor: url("1.ani");<br>1.ani 是光标文件 | |

【例 10-4】 设置鼠标样式（第 10 章\10-4.html）。效果如图 10-9 和图 10-10 所示。

图 10-9　页面中的鼠标样式

说明：

如果用户定义外部鼠标指针文件，文件格式必须为 .cur 或 .ani。

本例对 body 标记设置了 cursor 属性值为 not-allowed，导航按钮设置的 cursor 属性值为 wait。

图 10-10　导航按钮的鼠标样式

代码如下:

```html
<html>
<head>
<meta http-equiv="Content-Type" content="text/html; charset=utf-8" />
<title>鼠标特效</title>
<style type="text/css">
body{
padding:0px;
margin:0px;
background-color:#CCCCCC;
cursor:not-allowed;                    /* 设置鼠标指针样式 */
}
.header{
height:100px;
background-color:#000066;
font-family:"黑体";
font-size:54px;
color:#FFFFFF;
text-align:center;
vertical-align:middle;
}
.menu{
background-color:#000044;
font-family:"仿宋";
font-size:18px;
color:#333333;
text-align:center;
}
.center{
background-color:#009900;
text-align:center;
}
.footer{
background-color:#000066;
font-size:14px;
text-align:center;
color:#FFFFFF;
}
a{
width:150px;
height:35px;
margin:0px;
padding:5px 0px;
```

```
}
a:link,a:visited{            /* 未访问过和已访问过的超链接的样式 */
    background:url(b1.jpg) no-repeat;        /* 改变背景图片 */
    color:white;                             /* 文字颜色为白色 */
    text-decoration:none;                    /* 无下划线 */
}
a:hover{                                     /* 鼠标悬停下的超链接 */
    background:url(b2.jpg) no-repeat;        /* 改变背景图片 */
    color:black;                             /* 文字颜色为黑色 */
    text-decoration:none;                    /* 无下划线 */
    cursor:wait;                             /* 设置鼠标指针样式 */
}
</style>
</head>
<body>
<table width="79%" border="0" cellpadding="0" cellspacing="0">
  <tr>
    <td colspan="5" class="header">花果山福地,水帘洞洞天</td>
  </tr>
  <tr class="menu">
    <td height="33"><a href="#">首页</a></td>
    <td><a href="#">景区介绍</a></td>
    <td><a href="#">神话传说</a></td>
    <td><a href="#">联系我们</a></td>
    <td><a href="#">游客留言</a></td>
  </tr>
  <tr>
    <td colspan="5" class="center"><img src="banner.jpg" /></td>
  </tr>
  <tr>
    <td colspan="5" class="footer">连云港市花果山分景区</td>
  </tr>
</table>
<p> </p>
</body>
</html>
```

## 10.5 应用实例

本节通过对一个简单页面的制作来学习 CSS 控制超链接效果和改变鼠标指针从而让页面获得更加丰富的效果。实例的最终效果如图 10-11 所示(实例文件:第 10 章\10-5.html)。

图 10-11 导航按钮的鼠标样式

## 10.5.1 设计分析

本例在第 7 章实例的基础上对导航和图片添加了超链接效果。导航部分利用前面学习的按钮式超链接的方法设置了超链接正常状态和鼠标悬停状态的不同效果,如图 10-12 所示。

图 10-12 按钮式超链接效果

图片超链接设置了正常状态和鼠标悬停状态显示不同的边框来达到突出显示的目的,

并对鼠标悬停状态设置了外部鼠标指针文件作为鼠标样式。效果如图 10-13 所示。

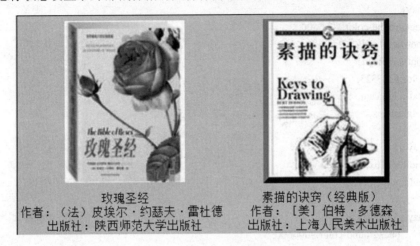

图 10-13　图片超链接效果

## 10.5.2　制作步骤

步骤 1：选择"开始"，然后依次选择"程序"→"Adobe"→"Adobe Dreamweaver CS5"→"新建"→"HTML"命令。

步骤 2：在代码窗口中输入如下代码。

```
<html>
<head>
<meta http-equiv="Content-Type" content="text/html; charset=utf-8" />
<title>烦高艺术书店</title>
<style type="text/css">
*{                        /* */
border:none;
padding:0px;
margin:0px;
}
body{
background-color:#CCCCCC;
}
.banner{
background:url(images/banner.jpg);
width:726px;
height:204px;
font-family:"黑体";
font-size:54px;
color:#FFFFFF;
text-align:center;
vertical-align:middle;
```

```css
}
.nav{
background-color:#006600;
font-family:"仿宋";
font-size:18px;
color:#333333;
text-align:center;
height:35px;
}
.nav a{
width:121px;
padding:5px 0px;
}
.nav a:link,.nav a:visited{
    background-color:#006600;
    color:white;                        /* 未访问过和已访问过的超链接的样式 */
    border-right:#000000 2px solid;     /* 文字颜色为白色 */
    border-bottom:#000000 2px solid;
    text-decoration:none;               /* 无下划线 */
}
.nav a:hover{                           /* 鼠标悬停下的超链接 */
    background-color:#FFFF33;           /* 改变背景色 */
    color:black;                        /* 文字颜色为黑色 */
    border-left:#ffffff 2px solid;
    border-top:#ffffff 2px solid;
    text-decoration:none;               /* 无下划线 */
}
.content{
border:#666666 2px solid;
font-size:12px;
text-align:center;
}
.content img{
margin:3px;
padding:2px;
}
.content a:linked,.content a:visited{
border:#006666 2px dashed;
}
.content a:hover{
cursor:url("023.ani");
border-left:#888888 6px solid;
border-top:#888888 6px solid;
border-right:#000000 6px solid;
border-bottom:#000000 6px solid;
}
</style>
```

```html
</head>
<body>
<table  border="0" cellpadding="0" cellspacing="0">
  <tr>
     <td colspan="6" class="banner">烦高艺术书店</td>
  </tr>
  <tr class="nav">
     <td><a href="#">首页</a></td>
     <td><a href="#">摄影类</a></td>
     <td><a href="#">绘画类</a></td>
     <td><a href="#">音乐类</a></td>
     <td><a href="#">动画类</a></td>
     <td><a href="#">舞蹈类</a></td>
  </tr>
</table>
<table class="content" width="726" border="0" >
   <tr>
      <td><a href="#"><img class="book" src="images\b1.jpg"></a> </td>
      <td><a href="#"><img class="book" src="images\b2.jpg"></a></td>
      <td><a href="#"><img class="book" src="images\b3.jpg"></a></td>
      <td><a href="#"><img class="book" src="images\b4.jpg" ></a></td>
   </tr>
   <tr>
      <td>玫瑰圣经<br>
作者：(法) 皮埃尔-约瑟夫•雷杜德 著
      <br>
出版社：陕西师范大学出版社 </td>
      <td>素描的诀窍（经典版）
        <br>
      作者：[美] 伯特•多德森 <br>
出版社：上海人民美术出版社</td>
      <td>像艺术家一样思考（白金版）<br>
作者：(美) 艾德华 著
      <br>
出版社：北方文艺出版社</td>
      <td>大自然的艺术<br>
作者：(英) 朱迪丝•马吉 著<br>
出版社：中信出版社 </td>
   </tr>
   <tr>
      <td><a href="#"><img class="book" src="images\b5.jpg"></a></td>
      <td><a href="#"><img class="book" src="images\b6.jpg"></a></td>
      <td><a href="#"><img class="book" src="images\b7.jpg"></a></td>
      <td><a href="#"><img class="book" src="images\b8.jpg"></a></td>
   </tr>
   <tr>
      <td>动物素描
```

```
                <br>
        作者：（美）道格•林德斯特兰<br>
出 版 社：上海人民美术出版社        </td>
        <td>油画的光与色
        <br>
        作者：（美）凯文•D.麦克弗森 著<br>
出 版 社：上海人民美术出版社        </td>
        <td>坦培拉绘画技法与教学
        <br>
        作者：刘孔喜 著
        <br>
出 版 社：安徽美术出版社        </td>
        <td>莫奈<br>
作者：何政广 著<br>
出 版 社：河北教育出版社        </td>
  </tr>
</table>
</body>
</html>
```

步骤 3：编写完成后保存。

步骤 4：双击 HTML 文件，在浏览器中观看效果。

## 习题

1. 超链接伪类：link 的作用是什么？
2. 怎样修饰含有超链接内容的鼠标悬停显示效果？
3. 怎样设置鼠标悬停时的显示样式？

# 第 11 章　DIV+CSS 布局

　　使用 DIV+CSS 进行页面布局，首先要掌握布局页面时使用的最基本的布局属性。掌握了基本的布局方法，才能更进一步进行元素的精确定位。

　　本章内容主要包括：盒子模型、div 元素的浮动定位、绝对定位和相对定位等知识。

## 11.1　初识 DIV+CSS 布局的流程

　　设计页面首先是构思，构思好后，一般还需要用 PhotoShop 或 FireWorks 等图像制作软件制作网页整体效果的图片，如要设计"美文网"的一个页面如图 11-1 所示。

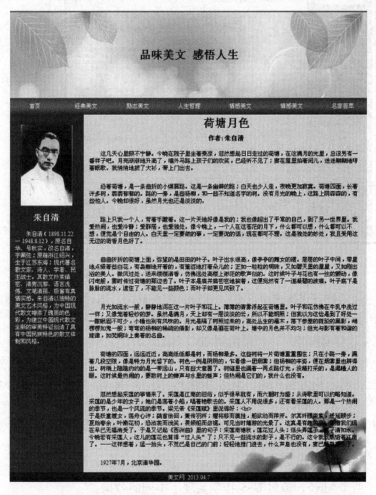

图 11-1　页面效果

在设计好页面后，接下来就要给效果图进行分区。

对于图 11-1 所示的页面效果，分成头部、内容部分和底部 3 大部分。头部又可以分成 banner 和导航菜单两个部分。内容部分可以分成左右两个部分。具体的页面分区如图 11-2 所示。

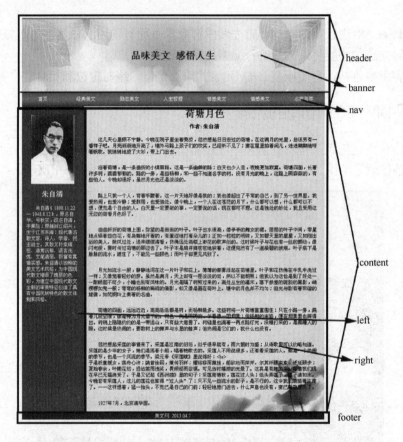

图 11-2　页面分区图

页面分区完成后就可以按照分区制作页面的各个部分，通过 HMTL 搭建出网页上需要表现的内容结构并利用 CSS 控制页面元素。

在利用 CSS 对页面排版时，经常用到 div 标记。

<div>（division）是一个块级元素，放置于<div>标记中的内容自动地开始一个新行。在应用中可以把文档分割为独立的、不同的部分。用 id 或 class 来标记<div>后可以方便地在 CSS 中进行控制。

【例 11-1】 div 标记的使用（第 11 章\11-1.html）。定义了两个 div 标记，效果如图 11-3 所示。

说明：

本例建立了两个<div>，通过 CSS 控制实现了不同的效果。

# 第 11 章 DIV+CSS 布局

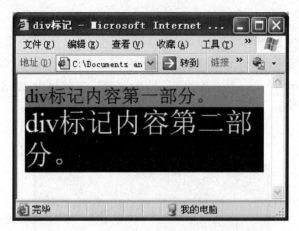

图 11-3　div 标记

代码如下：

```
<!DOCTYPE html PUBLIC "-//W3C//DTD XHTML 1.0 Transitional//EN" "http://www.w3.org/TR/xhtml1/DTD/xhtml1-transitional.dtd">
<html xmlns="http://www.w3.org/1999/xhtml">
<head>
<meta http-equiv="Content-Type" content="text/html; charset=utf-8" />
<title>div 标记</title>
<style type="text/css">
#div1{
font-size:24px;
background-color:#999999
}
#div2{
font-size:36px;
background-color:#000000;
color:#FFFFFF;
}
</style>
</head>
<body>
<div id="div1">
div 标记内容第一部分。
</div>
<div id="div2">
div 标记内容第二部分。
</div>
</body>
</html>
```

## 11.2　了解盒模型

CSS 的盒子模型是 CSS 排版的核心所在，传统的表格排版是通过大小不一的表格和表格嵌套来定位排版网页内容,而改用 CSS 排版后是通过由 CSS 定义的大小不一的盒子和盒子嵌套来对网页排版。

网页中的每个元素都可以看成是一个盒子,而它又由内容(content)、填充(padding)、边框(border)、边界(margin)四个部分组成,每个 CSS 盒子模型都具备这些属性,如图 11-4 所示。

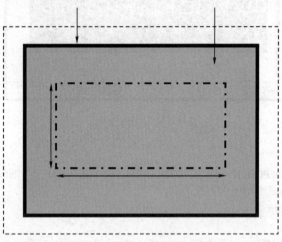

图 11-4　盒模型

【例 11-2】 盒子模型(第 11 章\11-2.html),效果如图 11-5 所示。

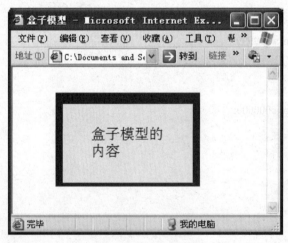

图 11-5　盒子模型效果

说明:

元素框的最内部分是实际的内容,直接包围内容的是内边距。内边距部分显示元素的背景。内边距的边缘是边框。边框以外是外边距,外边距部分默认是透明的,因此不会遮挡其后的任何元素。

背景应用于由内容和内边距、边框组成的区域。

本例中,对盒子模型设置了 margin、padding、border 和 width 参数,部分参数如图 11-6 所示。

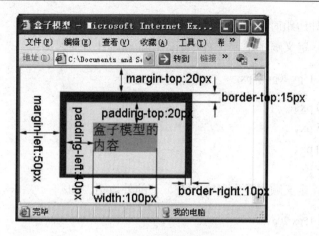

图 11-6　盒子模型参数

代码如下：

```
<!DOCTYPE html PUBLIC "-//W3C//DTD XHTML 1.0 Transitional//EN" "http://www.w3.org/TR/xhtml1/DTD/xhtml1-transitional.dtd">
<html xmlns="http://www.w3.org/1999/xhtml">
<head>
<meta http-equiv="Content-Type" content="text/html; charset=utf-8" />
<title>盒子模型</title>
<style type="text/css">
.box{
margin:20px 30px 40px 50px;          /*外边距*/
border-style:solid;                   /*边框设置*/
border-color:red;
border-width:15px 10px 5px 10px;
padding:30px 40px;                    /*内边距*/
background-color:#FFFF33;
font-size:20px;
color:#000000;
width:100px;
}
</style>
</head>
<body>
<p class="box">盒子模型的内容　</p>
</body>
</html>
```

**说明：**

盒子本身的大小计算方法如下：

盒子宽度=内容宽度+左内边距+右内边距+左边框+右边框+左外边距+右外边距

盒子高度=内容高度+上内边距+下内边距+上边框+下边框+上外边距+下外边距

外边距 margin 可以控制元素与元素之间的距离，接受任何长度单位、百分数值甚至负值。

margin 在定义外边距时可以有 1 到 4 个值。

使用 4 个值时，定义顺序是上、右、下、左的顺时针方向，如：

    margin:10px 15px 20px 25px;

上外边距是 10 px。
右外边距是 15 px。
下外边距是 20 px。
左外边距是 25 px。

使用 3 个值时，定义顺序是上、右和左、下的外边距，如：

    margin:10px 15px 20px;

上外边距是 10 px。
右外边距和左外边距是 15 px。
下外边距是 20 px。

使用 2 个值时，定义顺序是上和下、右和左的外边距，如：

    margin:10px 15px;

上外边距和下外边距是 10 px。
右外边距和左外边距是 15 px。

使用 1 个值时，所有的外边距都是相同的，如：

    margin:10px;

所有 4 个外边距都是 10 px。

当多个元素同时使用 margin 外边距属性时，它们之间的距离并不是简单相邻元素外边距的和，如例 11-3 所示。

【例 11-3】 两个<div>距离（第 11 章\11-3.html），效果如图 11-7 所示。

图 11-7 两个<div>块的距离

**说明：**

块 div1 设置了 margin-bottom:20px。

块 div2 设置了 margin-top:50px。

但它们之间的距离并不是 20 px+50 px=70 px，而是两个之中的最大值，即 50 px。

代码如下：

```html
<html>
<head>
<title>两个 div 元素的 margin</title>
<style type="text/css">
<!--
div{
    background-color:#00CC66;
    font-size:18px;
    padding:15px;
    border:#000000 solid 2px;
}
.div1{
margin-bottom:20px;
}
.div2{
margin-top:50px;
}

-->
</style>
</head>
<body>
    <div class="div1">div1</div>
    <div class="div2">div2</div>
</body>
</html>
```

【例 11-4】 并排的两个<div>距离（第 11 章\11-4.html），效果如图 11-8 所示。

图 11-8　并排的两个<div>块的距离

说明：

块 div1 设置了 margin-right:30px。

块 div2 设置了 margin-left:40px。

它们之间的距离是 30 px+40 px=70 px。

代码如下：

```html
<html>
<head>
<title>并排两个 div 元素的 margin</title>
<style type="text/css">
<!--
div{
     background-color:#00CC66;
     font-size:18px;
     padding:15px;
     border:#000000 solid 2px;
     float:left;
}
.div1{
margin-right:30px;
}
.div2{
margin-left:40px;
}
-->
</style>
    </head>
<body>
      <div class="div1">div1</div>
      <div class="div2">div2</div>
</body>
</html>
```

## 11.3　页面元素的定位

为了搭建出理想的页面结构，需要对页面中的元素进行定位。页面元素的定位方式通常有两种：采用浮动的定位方式或使用定位属性。在实际应用中也会混合使用两种方式，下面对元素的定位属性进行详细介绍。

### 11.3.1　CSS 布局方式——浮动

float 属性可以定义元素在哪个方向浮动，是布局中非常重要的属性，不但可以对一些基本元素如导航等进行排列，还可以通过对 div 元素应用 float 浮动来进行布局，用于创建全部网页布局。其语法结构如下：

float:left/right/none;

其具体的参数含义如下。
- none：对象不浮动。
- left：对象浮在左边。
- right：对象浮在右边。

【例 11-5】 浮动的应用（第 11 章\11-5.html）。本例共定义了 5 个<div>标记，外层最大的<div>包含 4 个<div>，效果如图 11-9 所示。

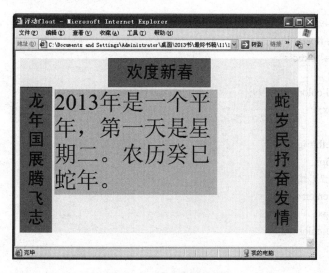

图 11-9  浮动实例效果

注意：

其中，none 为默认值，如果不浮动，块元素独占一行，紧随其后的块元素将在新行中显示，如图 11-10 所示。

图 11-10  未设置浮动的效果

**说明：**

本例中，上联和内容两个<div>标记设置了向左浮动，下联设置了向右浮动，可以看到它紧靠右侧。

代码如下：

```
<!DOCTYPE html PUBLIC "-//W3C//DTD XHTML 1.0 Transitional//EN" "http://www.w3.org/TR/xhtml1/DTD/xhtml1-transitional.dtd">
<html xmlns="http://www.w3.org/1999/xhtml">
<head>
<meta http-equiv="Content-Type" content="text/html; charset=utf-8" />
<title>浮动 float</title>
<style type="text/css">
#container{
background-color:#FFFF99;
width:600px;
}
#middle,#left,#right{
font-size:36px;
font-family:"黑体";
text-align:center;
padding:10px;
background-color:red;
color:black;
}
#middle{
width:200px;
margin:0px auto;                /*左右居中*/
}
#left{
width:50px;
float:left;                     /*左浮动*/
}
#content{
width:350px;
float:left;
background-color:#CCCCCC;
font-size:48px;
margin:5px;                     /*右浮动*/
}
#right{
width:50px;
float:right;
}
</style>
</head>
<body>
```

```
<div id="container">
<div id="middle">
欢度新春
</div>
<div id="left">
龙年国展腾飞志
</div>
<div id="content">
2013年是一个平年，第一天是星期二。农历癸巳蛇年。
</div>
<div id="right">
蛇岁民抒奋发情
</div>
</div>
</body>
</html>
```

元素定位可以使浮动使用起来非常方便，但有时也会出现一些不希望出现的情况，如例11-6所示。

【例11-6】 清除浮动（第11章\11-6.html）。设置浮动出现的异常情况，效果如图11-11所示。

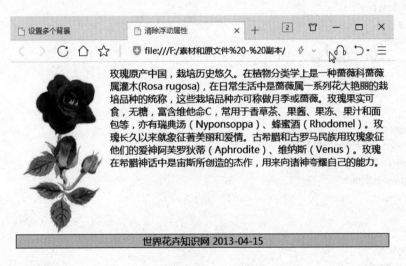

图11-11 浮动出现异常的效果

说明：在元素的定位中，对放置花的<div>标记使用了 float:left;左浮动，底部的 footer 块却跑到图片的后面。这种情况就需要使用 clear 属性，该属性可定义元素的哪边上不允许出现浮动元素。经常使用的三个参数如下。

- left：在左侧不允许浮动元素。
- right：在右侧不允许浮动元素。
- both：在左右两侧均不允许浮动元素。

对于本例，对最后一个<div>标记使用了 clear:left 后，效果如图11-12所示。

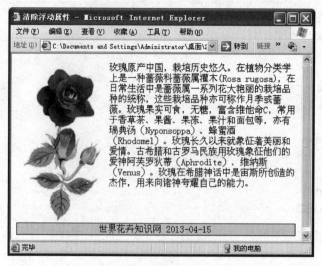

图 11-12　清除浮动的效果

代码如下：

```
<html>
<head>
<title>清除浮动属性</title>
<style type="text/css">
<!--
#content{
    padding-left:10px;
    margin-right:10px;
    float:left;                    /* 左浮动 */
}
#footer{
background-color:#33FFFF;
border:#000099 solid 1px;
text-align:center;
clear:left;                        /* 清除左浮动 */
}
-->
</style>
</head>
<body>
    <div id="content"><img src="rose.jpg"></div>
        <div>玫瑰原产中国，栽培历史悠久。在植物分类学上是一种蔷薇科蔷薇属灌木（Rosa rugosa），在日常生活中是蔷薇属一系列花大艳丽的栽培品种的统称，这些栽培品种亦可称作月季或蔷薇。玫瑰果实可食，无糖，富含维他命C，常用于香草茶、果酱、果冻、果汁和面包等，亦有瑞典汤（Nyponsoppa）、蜂蜜酒（Rhodomel）。玫瑰长久以来就象征着美丽和爱情。古希腊和古罗马民族用玫瑰象征他们的爱神阿芙罗狄蒂（Aphrodite）、维纳斯（Venus）。玫瑰在希腊神话中是宙斯所创造的杰作，用来向诸神夸耀自己的能力。</div>
        <div id="footer">世界花卉知识网　2013-04-15</div>
</body>
```

</html>

## 11.3.2 CSS 布局方式——绝对定位

利用 position 定位也是 CSS 排版中非常重要的方法。绝对定位，即使用 position 属性值为 absolute 的定位模式，元素的位置通过 "left"、"top"、"right" 和 "bottom" 属性设定后可以放置到页面上的任何位置。

【例 11-7】 文字的绝对定位（第 11 章\11-7.html）。效果如图 11-13 所示。

图 11-13 文字的绝对定位

说明：

将"九寨沟五花海"放置于<div>标记中，对它进行绝对定位，可以实现文字置于图片上显示。

代码如下：

```
<html>
<head>
<title>绝对定位</title>
<style type="text/css">
<!--
.name{
    color:white;
    padding:10px;
    font-size:24px;
    position:absolute;      /*绝对定位*/
    left:200px;             /*距页面左边距 200px*/
    top:180px;              /*距页面上边距 180px*/
}
</style>
    </head>
<body>
```

```
<img src="a1.jpg">
<p class="name">九寨沟五花海</p>
  </body>
</html>
```

### 11.3.3 CSS 布局方式——相对定位

相对定位，即使用 position 属性值为 relative 的定位模式，对比绝对定位是与页面的距离，相对定位是相对于其正常位置进行定位。

如"left:20px"的效果是向元素的原始左侧位置增加 20 像素。

【例 11-8】 文字的相对定位（第 11 章\11-8.html）。效果如图 11-14 所示。

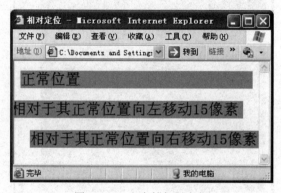

图 11-14 文字的相对定位

说明：

如果希望元素右移，可以设置 right 为负值或 left 为正值。

代码如下：

```
<html>
<head>
<title>相对定位</title>
<style type="text/css">
p{
background-color:#999999;
font-size:24px;
color:#000000;
}
.left
{
position:relative;        /*相对定位*/
right:15px;               /*右边添加 15px，即向左移动 15px*/
}
.right
{
position:relative;        /*相对定位*/
left:15px;                /*左边添加 15px，即向右移动 15px*/
}
```

```
</style>
</head>
<body>
<p>正常位置</p>
<p class="left">相对于其正常位置向左移动 15 像素</p>
<p class="right">相对于其正常位置向右移动 15 像素</p>
</body>
</html>
```

注意：

相对定位和绝对定位需要配合 top、right、bottom、left 使用来定位具体位置，这四个属性只有在该元素使用定位后才生效，其他情况下无效。另外，这四个属性同时只能使用相邻的两个，不能既使用上又使用下，或既使用左，又使用右。

## 11.4 应用实例——使用 DIV+CSS 布局页面

本节将学习采用 DIV+CSS 布局的方法（第 11 章\11-9.html）完成网页，效果如图 11-15 所示。

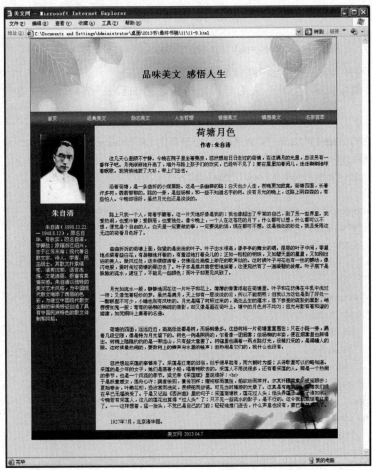

图 11-15 页面效果图

## 11.4.1 设计分析

通过对页面的分析，整体上考虑可以 HTML 分成 3 个大的 DIV 块，如图 11-16 所示。

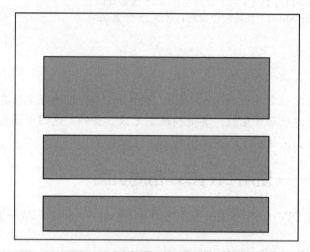

图 11-16 内容框架

#header 部分又包含#banner 和#nav 两个小子块。

#content 部分又包含#left 和#right 两个小子块。

框架确定后就可以搭建 DIV 块的结构，构建好的 HTML 结构如下（本例采用链接式样式表）：

```
<!DOCTYPE html PUBLIC "-//W3C//DTD XHTML 1.0 Transitional//EN" "http://www.w3.org/TR/xhtml1/DTD/xhtml1-transitional.dtd">
<html xmlns="http://www.w3.org/1999/xhtml">
<head>
<meta http-equiv="Content-Type" content="text/html; charset=utf-8" />
<link href="style.css" type="text/css" rel="stylesheet" />
<title>美文网</title>
</head>
<body>
<div id="wrapper">
    <div id="header">
       <div id="banner">
         </div>
       <div id="nav">
         </div>
    </div>
    <div id="content">
       <div class="left">
         </div>
       <div class="right">
         </div>
```

```
              </div>
              <div id="footer">
              </div>
         </div>
    </body>
</html>
```

在搭建好的 HTML 结构的基础上就可以逐步完成各部分的 HTML 和 CSS 代码了。

## 11.4.2 制作步骤

步骤 1：选择 "开始"，然后依次选择 "程序" → "Adobe" → "Adobe DreamWeaver CS5" → "新建" → "HTML" 命令。

步骤 2：在代码窗口中输入如下代码完成 HTML 代码。

```
<!DOCTYPE html PUBLIC "-//W3C//DTD XHTML 1.0 Transitional//EN" "http://www.w3.org/TR/xhtml1/DTD/xhtml1-transitional.dtd">
<html xmlns="http://www.w3.org/1999/xhtml">
<head>
<meta http-equiv="Content-Type" content="text/html; charset=utf-8" />
<link href="style.css" type="text/css" rel="stylesheet" />
<title>美文网</title>
</head>

<body>
<div id="wrapper">
<div id="header">
     <div id="banner">
         <h2>品味美文 感悟人生</h2>
     </div>
     <div id="nav">
         <ul>
             <li><a href="#">首页</a></li>
             <li><a href="#">经典美文</a></li>
             <li><a href="#">励志美文</a></li>
             <li><a href="#">人生哲理</a></li>
             <li><a href="#">情感美文</a></li>
             <li><a href="#">情感美文</a></li>
             <li><a href="#">名家荟萃</a></li>
         </ul>
     </div>
  </div>
<div id="content">
     <div class="left">
        <h2><img src="images/zzq.jpg"    class="pic1"/></h2>
             <h3>朱自清</h3>
             <p  class="leftcontent">朱自清（1898.11.22 — 1948.8.12），原名自华、号秋实，改名
```

自清，字佩弦；原籍浙江绍兴，生于江苏东海；现代著名散文家、诗人、学者、民主战士。其散文朴素缜密、清隽沉郁、语言洗练、文笔清丽、极富有真情实感。朱自清以独特的美文艺术风格，为中国现代散文增添了瑰丽的色彩，为建立中国现代散文全新的审美特征创造了具有中国民族特色的散文体制和风格。&lt;br&gt;
    &lt;/p&gt;
  &lt;/div&gt;
  &lt;div class="right"&gt;
    &lt;h2&gt;荷塘月色&lt;/h2&gt;
    &lt;h5&gt;作者：朱自清&lt;/h5&gt;
    &lt;p&gt;这几天心里颇不宁静。今晚在院子里坐着乘凉，忽然想起日日走过的荷塘，在这满月的光里，总该另有一番样子吧。月亮渐渐地升高了，墙外马路上孩子们的欢笑，已经听不见了；妻在屋里拍着闰儿，迷迷糊糊地哼着眠歌。我悄悄地披了大衫，带上门出去。&lt;/p&gt;
    &lt;p&gt;沿着荷塘，是一条曲折的小煤屑路。这是一条幽僻的路；白天也少人走，夜晚更加寂寞。荷塘四面，长着许多树，蓊蓊郁郁的。路的一旁，是些杨柳，和一些不知道名字的树。没有月光的晚上，这路上阴森森的，有些怕人。今晚却很好，虽然月光也还是淡淡的。&lt;/p&gt;
    &lt;p&gt;路上只我一个人，背着手踱着。这一片天地好像是我的；我也像超出了平常的自己，到了另一世界里。我爱热闹，也爱冷静；爱群居，也爱独处。像今晚上，一个人在这苍茫的月下，什么都可以想，什么都可以不想，便觉是个自由的人。白天里一定要做的事，一定要说的话，现在都可不理。这是独处的妙处，我且受用这无边的荷香月色好了。&lt;/p&gt;
    &lt;p&gt;曲曲折折的荷塘上面，弥望的是田田的叶子。叶子出水很高，像亭亭的舞女的裙。层层的叶子中间，零星地点缀着些白花，有袅娜地开着的，有羞涩地打着朵儿的；正如一粒粒的明珠，又如碧天里的星星，又如刚出浴的美人。微风过处，送来缕缕清香，仿佛远处高楼上渺茫的歌声似的。这时候叶子与花也有一丝的颤动，像闪电般，霎时传过荷塘的那边去了。叶子本是肩并肩密密地挨着，这便宛然有了一道凝碧的波痕。叶子底下是脉脉的流水，遮住了，不能见一些颜色；而叶子却更见风致了。&lt;/p&gt;
    &lt;p&gt;月光如流水一般，静静地泻在这一片叶子和花上。薄薄的青雾浮起在荷塘里。叶子和花仿佛在牛乳中洗过一样；又像笼着轻纱的梦。虽然是满月，天上却有一层淡淡的云，所以不能朗照；但我以为这恰是到了好处——酣眠固不可少，小睡也别有风味的。月光是隔了树照过来的，高处丛生的灌木，落下参差的斑驳的黑影，峭楞楞如鬼一般；弯弯的杨柳的稀疏的倩影，却又像是画在荷叶上。塘中的月色并不均匀；但光与影有着和谐的旋律，如梵婀玲上奏着的名曲。&lt;/p&gt;
    &lt;p&gt;荷塘的四面，远远近近，高高低低都是树，而杨柳最多。这些树将一片荷塘重重围住；只在小路一旁，漏着几段空隙，像是特为月光留下的。树色一例是阴阴的，乍看像一团烟雾；但杨柳的丰姿，便在烟雾里也辨得出。树梢上隐隐约约的是一带远山，只有些大意罢了。树缝里也漏着一两点路灯光，没精打采的，是渴睡人的眼。这时候最热闹的，要数树上的蝉声与水里的蛙声；但热闹是它们的，我什么也没有。&lt;/p&gt;
    &lt;p&gt;忽然想起采莲的事情来了。采莲是江南的旧俗，似乎很早就有，而六朝时为盛；从诗歌里可以约略知道。采莲的是少年的女子，她们是荡着小船，唱着艳歌去的。采莲人不用说很多，还有看采莲的人。那是一个热闹的季节，也是一个风流的季节。梁元帝《采莲赋》里说得好：&amp;lt;br&amp;gt;&lt;br&gt;
    于是妖童媛女，荡舟心许；鹢首徐回，兼传羽杯；櫂将移而藻挂，船欲动而萍开。尔其纤腰束素，迁延顾步；夏始春余，叶嫩花初，恐沾裳而浅笑，畏倾船而敛裾。
    可见当时嬉游的光景了。这真是有趣的事，可惜我们现在早已无福消受了。
    于是又记起《西洲曲》里的句子：
    采莲南塘秋，莲花过人头；低头弄莲子，莲子清如水。今晚若有采莲人，这儿的莲花也算得"过人头"了；只不见一些流水的影子，是不行的。这令我到底惦着江南了。——这样想着，猛一抬头，不觉已是自己的门前；轻轻地推门进去，什么声息也没有，妻已睡熟好久了。&lt;/p&gt;
    &lt;p&gt;1927 年 7 月，北京清华园。&lt;/p&gt;
  &lt;/div&gt;

```
            </div>
            <div id="footer">美文网  2013.04.7 </div>
        </div>
    </body>
</html>
```

步骤3：由于 CSS 代码还没有完成，该 HTML 在浏览器中显示结果如图 11-17 所示。

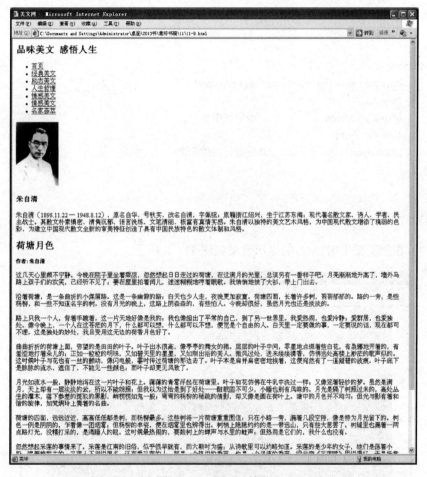

图 11-17  HTML 效果

步骤4：选择菜单"新建"→"CSS"命令，建立一个 CSS 文件，命名为 style.css，与 HTML 文件保存于同一文件夹中。

步骤5：先对所有元素进行内外边距为 0，无边框的设置，代码如下：

```
*{
    margin:0;
    padding:0;
    border:none;
}
```

这样可以预防不同浏览器兼容性不同的问题，在后面的 CSS 设置中，有的元素如果有自己的内外边距和边框，新的设置会替换掉老的设置。

步骤 6：对最外层的 DIV（#wrapper）设置宽度，并通过 margin 设置为 auto 实现页面的居中，#banner 部分设置高度和背景，代码如下：

```css
#wrapper{
    width:770px;
    border:#000000 solid 1px;
    margin :0 auto;              /*页面左右居中*/
    background:#006633;
}
#banner{
    background:url(images/banner.jpg) no-repeat;
    height:180px;
    text-align:center;           /*水平居中*/
    font-size:24px;
    line-height:180px;           /*设置行间的距离，让文字垂直居中*/
}
```

注意：
当 DIV 的 line-height 和 height 设置成相同的参数时，可以实现内容垂直居中。

步骤 7：在浏览器中 HTML 的显示效果如图 11-18 所示。

图 11-18　banner 设置 CSS 后的效果

步骤 8：接下来完成导航部分的 CSS 编码，具体方法在第 9 章和第 10 章已经学习过，代码如下：

```css
#nav{
    height:35px;
}
#nav ul{
    height:35px;
```

```
                width:770px;
        }
        #nav ul li{
                height:35px;
                width:110px;
                float:left;
                list-style-type:none;
                line-height:35px;
        }
        #nav a:link,a:visited{
                display:block;
                text-decoration:none;
                background:url(images/b1.jpg) no-repeat;
                height:35px;
                width:110px;
                text-align:center;
                color:#FFFFFF;
        }
        #nav a:hover{
                display:block;
                text-decoration:underline;
                background:url(images/b2.jpg) no-repeat;
                height:35px;
                width:110px;
                color:#000000;
        }
```

步骤9：在浏览器中 HTML 的显示效果如图 11-19 所示。

图 11-19　导航部分设置 CSS 后的效果

步骤 10：对#content 中的#left 和#right 设置宽度、颜色和边距等样式，为了实现两列的效果，对#left 和#right 设置左浮动，代码如下：

```css
.left{
    width:160px;
    float:left;                  /*向左浮动*/
    padding-top:20px;
    padding-bottom:30px;
    text-align:center;
}
.left h2{
    text-align:center;
}
.left p{
    padding-left:12px;
    padding-right:12px;
    color:#FFFFFF;
    line-height:15px;
    text-indent:2em;             /*首行文本缩进*/
}
.left h3{
    text-align:center;
    margin:15px 0;
    color:#FFFFFF;
}
}
.right{
    float:left;
    width:610px;
    background:url(images/htys.gif) no-repeat right bottom #CDF3D1;
    /*设置背景图片，位置为右下，不重复*/
}
.right h2,h5{
    text-align:center;
    padding:5px;
}
.right p{
    padding:12px;
    color:#000000;
    line-height:15px;
    text-indent:24px;
}
```

步骤 11：在浏览器中 HTML 的显示效果如图 11-20 所示，大部分已完成，只是#footer 的效果有问题，如图 11-21 所示。

图 11-20　内容部分设置 CSS 后的效果

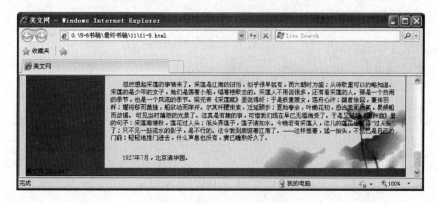

图 11-21　#footer 部分出错

步骤 12：对#footer 清除浮动，并做相关样式的设置，CSS 代码如下：

```
#footer{
    clear:both;
    font-size:12px;
    width:100%;
    padding:3px 0px 3px 0px;
    text-align:center;
    margin:0px;
    background-color:#003333;
    color:#FFFFFF;
}
```

其中，宽度 width 设置为 100%，因为它包含在# wrapper 里，就实现了#footer 填满底部。

完整的实例文件见"第 11 章\11-9.html"和"第 11 章\style.css"。

# 习题

1. 进行网页设计的一般流程是怎样的？
2. 网页中的网页元素盒模型由哪些部分组成？
3. 怎样计算盒模型中盒子本身的大小？
4. CSS 布局方式中，绝对定位是怎样实现的？

# 第 12 章 旅游景区网站

本章通过一个商业案例讲解页面的制作步骤和应注意的技巧。通过本章的学习，重点要掌握制作页面的流程和样式的规划等知识。

## 12.1 案例效果图分析

因为在该案例中只是讲解使用 CSS 进行整站布局的方法，所以只讲解首页的制作方法。其中页面效果如图 12-1 所示。

图 12-1 页面效果图

从图 12-1 中可以看出，此时页面在纵向，可以分为 3 个部分，头部（包括 banner 部分和导航 nav）、内容部分和底部。其中中间内容部分，又可以分为上下 2 个部分。

## 12.2 原型设计

在网页设计之前，都应该先对页面进行构思，对网站的完整功能和内容作一个全面的分析，并利用线框描述的方法进行表达。原型线框图也是与客户交流沟通最合适的方式。可以使用专门制作原型图的软件。

在具体制作页面之前，我们就可以先设计如图 12-2 所示的线框图。

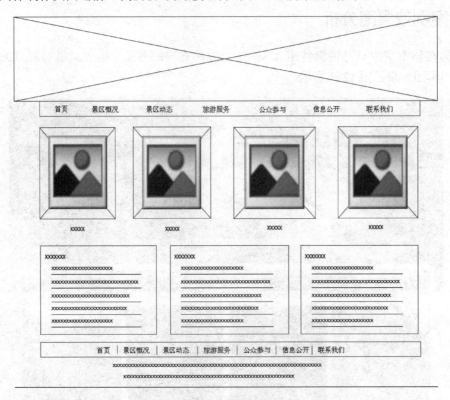

图 12-2　原型线框图

## 12.3 制作页面头部

首先还是对页面头部的效果图进行分析，区分页面中内容和样式的部分。首页头部的效果如图 12-3 所示。

### 12.3.1 头部的分析

从图 12-2 中可以看出，头部主要分为两个部分，其中导航菜单以上的部分可以用背景图片的方式实现。导航菜单部分左右两侧可以用一个圆角图片背景实现，其余部分可以用一个重复的渐变背景图片实现。

图 12-3　页面头部的效果图

导航菜单嵌入到图片下方的缺口中，如果设置图片为广告条 banner 的背景，则下方缺口左右两块图片就要额外切下放在导航 nav 中，为了能使用一张图片，在设计中可以把 banner 的背景图设为 body 的背景，就可以实现 nav 嵌入到图片下方了，如图 12-4 所示。

图 12-4　头部尺寸与布局

为了各浏览器的兼容并优化代码，页面的基础样式代码如下：

```
*{                /*全局声明*/
margin:0;
padding:0;
border:0;
list-style:none;
}
body{
background:url(../images/body.jpg) no-repeat center top;
/*定义页面背景图片顶部居中*/
font-family:"宋体" "黑体";
font-size:12px;
color:#FFFFFF;
}
```

这时的页面效果如图 12-5 所示。

图 12-5　页面背景效果

## 12.3.2　头部 HTML 编码

经过前面的分析，将头部分成 banner 和 nav 两个部分，分别制作其代码如下：

```
<div id="banner">
    <h1>连云港市花果山风景区</h1>    /**/
</div>
<div id="nav">
    <span class="navleft"></span>   /*定义左侧圆角*/
    <ul class="navcenter">
        <li><a href="#">首页</a></li>
        <li><a href="#">景区概况</a></li>
        <li><a href="#">景区动态</a></li>
        <li><a href="#">旅游服务</a></li>
        <li><a href="#">公共参与</a></li>
        <li><a href="#">信息公开</a></li>
        <li><a href="#">联系我们</a></li>
    </ul>
    <span class="navright"></span>   /*定义右侧圆角*/
</div>
```

效果如图 12-6 所示。

图 12-6　未设置样式的头部效果

**说明：**

其中<h1>标记定义了"连云港市花果山风景区"一级标题，这是为了搜索引擎更好地搜索网页，在 CSS 中会把它设置成看不到的位置。navleft 和 navright 元素，用来制作导航列表左右两侧圆角。

### 12.3.3 CSS 代码的编写

制作完页面结构之后，就可以编写 CSS 部分了。

#### 1．banner 部分的样式

banner 部分主要是定义宽度和高度，并设置其中的<h1>标记不可见。

```css
#banner{
height:375px;
width:960px;
margin:0 auto;          /*上下外边距为 0，左右居中*/
}
#banner h1{
text-indent:-999px;
/*文本缩进。使用负值，缩进到左边使用户不可见*/
}
```

#### 2．nav 部分的样式

nav 部分包括三个部分，分别是左侧的圆角、导航列表和右侧的圆角。首先要定义的就是 nav 元素的高度和宽度并居中。还要使用浮动属性，控制导航元素的位置。同时还要定义导航列表的链接样式，使导航文本能够正常显示。其具体代码如下：

```css
#nav{
height: 60px;
width:960px;
margin:15px auto;
}
.navleft{
display:block;
height:60px;
width:11px;
background:url(../images/nav-left-bg.jpg) no-repeat;
/*左边圆角*/
float:left;
}
.navcenter{
float:left;
height:60px;
width:938px;
background:url(../images/nav-bg.jpg) repeat-x;
/*导航菜单背景*/
}
```

```css
.navcenter li{
float:left;
height:50px;
line-height:50px;
margin-bottom:10px;
padding-left:60px;
font-size:16px;
font-weight:bold;
}
.navright{
display:block;
height:60px;
width:11px;
background:url(../images/nav-right-bg.jpg) no-repeat;
/*右边圆角*/
float:left;
}
```

改变超链接的样式的代码如下：

```css
a:link,a:visited{
color:#FFFFFF;
text-decoration:none;
}
a:hover{
text-decoration:underline;
}
```

效果如图 12-7 所示。

图 12-7　设置样式后的头部效果

## 12.4　制作页面内容部分

页面中间的内容部分可以分为上下两个部分，分别是图片展示部分和新闻部分，如

图 12-8 所示，下面分别讲解制作过程。

图 12-8 页面内容部分的效果图

## 12.4.1 内容部分的分析

从图 12-2 中可以看出，内容部分分为上下两个部分，上部的四个图片的样式相同，可以使用相同的 CSS 设置。下部的三块新闻可以用<ul>和 <li>标记实现。各部分的大小与边距设置如图 12-9 所示。

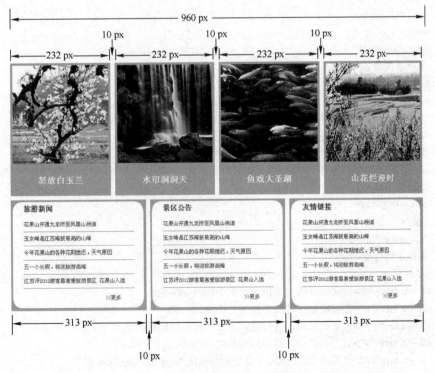

图 12-9 内容部分的尺寸与布局

图片部分的尺寸：232 px+10 px+232 px+10 px+232 px+10 px+232 px=958 px。
新闻部分的尺寸：313 px+10 px+313 px+10 px+313 px=959 px。
所以内容部分的尺寸使用整数值 960 px。

### 12.4.2  HTML 编码

经过前面的分析，内容部分 ID 命名为"content"，图片使用类别选择器，统一使用"photo"，新闻部分也使用类别选择器，命名为"link"。

代码如下：

```
<div id="content">
<div class="photo"><a href="#"><img src="images/photo1.jpg" /></a><h2>怒放白玉兰</h2></div>
<div class="photo"><a href="#"><img src="images/photo2.jpg" /></a><h2>水帘洞洞天</h2></div>
<div class="photo"><a href="#"><img src="images/photo3.jpg" /></a><h2>鱼戏大圣湖</h2></div>
<div class="photo"><a href="#"><img src="images/photo4.jpg" /></a><h2>山花烂漫时</h2></div>
<div class="link">
<h3>旅游新闻</h3>
<ul>
<li><a href="#">花果山开通九龙桥至凤凰山栈道</a></li>
<li><a href="#">玉女峰是江苏海拔最高的山峰</a></li>
<li><a href="#">今年花果山的各种花期推迟，天气原因</a></li>
<li><a href="#">五一小长假，将迎旅游高峰</a></li>
<li><a href="#">江苏评 2012 游客最喜爱旅游景区  花果山入选</a></li>
</ul>
<p>>>更多</p>
</div>
<div class="link">
<h3>景区公告</h3>
<ul>
<li><a href="#">花果山开通九龙桥至凤凰山栈道</a></li>
<li><a href="#">玉女峰是江苏海拔最高的山峰</a></li>
<li><a href="#">今年花果山的各种花期推迟，天气原因</a></li>
<li><a href="#">五一小长假，将迎旅游高峰</a></li>
<li><a href="#">江苏评 2012 游客最喜爱旅游景区  花果山入选</a></li>
</ul>
<p>>>更多</p>
</div>
<div class="link">
<h3>友情链接</h3>
<ul>
<li><a href="#">花果山开通九龙桥至凤凰山栈道</a></li>
<li><a href="#">玉女峰是江苏海拔最高的山峰</a></li>
<li><a href="#">今年花果山的各种花期推迟，天气原因</a></li>
<li><a href="#">五一小长假，将迎旅游高峰</a></li>
<li><a href="#">江苏评 2012 游客最喜爱旅游景区  花果山入选</a></li>
</ul>
```

```
<p>>>>更多</p>
    </div>
</div>
```

浏览器中效果如图 12-10 所示(文字颜色是白色,与背景相同,正常是看不到的,本图是选择了页面内容看到的效果),由于未添加 CSS 样式,所有元素排成一列。

图 12-10 未设置样式的内容部分效果

## 12.4.3 CSS 代码的编写

制作完页面结构之后,就可以编写 CSS 部分了。

1. content 部分

根据图 12-9 中计算的尺寸,设置 content 部分的宽度和高度,并设置居中。

代码如下:

```
#content{
width:960px;
margin: 0 auto;   /*上下边距为 0,水平居中*/
height:570px;
}
```

2. 图片部分

图片部分首先要定义 photo 层的高度、宽度和背景,使用左浮动使四个图片排成一行。由于图片的尺寸是 222 px×222 px,photo 层的尺寸是 232 px×300 px,所以对 photo 层中的 img 标记定义外边距为 5 px,实现水平居中,参数如图 12-11 所示。

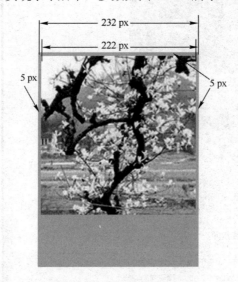

图 12-11  图片的尺寸与设置

代码如下:

```
.photo{
width:232px;
height:300px;
margin-left:10px;
float:left;
background:#85CC7E;
}

#content img{
margin:5px;
}
#content h2{
height:68px;
```

```
line-height:68px;         /*设置行高*/
text-align:center;        /*水平居中*/
font-size:20px;
}
```

**注意：**

图片的左边距定义为 10 px，但是第一张图片的左边距是 0，如果单独定义比较麻烦，可以利用行内样式进行单独定义。

代码如下：

```
<div class="photo" style="margin-left:0px"><a href="#"><img src="images/photo1.jpg" /></a><h2>怒放白玉兰</h2></div>
```

### 3．新闻部分

首先定义 link 层的高度、宽度和背景，背景图片 link-bg.jpg 如图 12-12 所示。

图 12-12　背景图片

背景图片 link-bg.jpg 尺寸是 313 px×250 px，link 层的高度和宽度设置成与图片 link-bg.jpg 一致，并利用左浮动使三个新闻框排成一行。具体内容使用内边距来控制其显示在背景图片框内。

代码如下：

```
.link{
width:313px;
height:250px;
background:url(../images/link-bg.jpg) no-repeat;
float:left;         /*左浮动*/
margin-top:10px;
margin-left:10px;
color:#3A8233;
position:relative;
}
#content h3{
height:40px;
```

```css
line-height:40px;
padding-left:30px;         /*左边距*/
font-size:16px;
}
#content ul{
height:160px;
}
#content li{
height:32px;
line-height:32px;
background:url(../images/line.jpg) no-repeat center bottom;
/*把背景图片设置为每行新闻底部的分隔线*/
padding-left:30px;
}
#content  ul a{
color:#3A8233
}
#content p{
position:absolute;         /*绝对定位*/
right:58px;bottom:20px;
}
```

**注意：**

新闻部分与图片部分一样，左边距都定义为 10 px，但是新闻的第一块的左边距是 0，同样利用行内样式进行单独定义。

代码如下：

```html
<div class="link" style="margin-left:0px">
<h3>旅游新闻</h3>
<ul>
<li><a href="#">花果山开通九龙桥至凤凰山栈道</a></li>
<li><a href="#">玉女峰是江苏海拔最高的山峰</a></li>
<li><a href="#">今年花果山的各种花期推迟，天气原因</a></li>
<li><a href="#">五一小长假，将迎旅游高峰</a></li>
<li><a href="#">江苏评 2012 游客最喜爱旅游景区 花果山入选</a></li>
</ul>
<p>>>>更多</p>
</div>
```

**注意：**

content 层中 p 标记使用了 absolute 绝对定位，而它的父层 link 层的 position 设为 relative(相对定位)，p 标记的偏移是相对于父层 link 来定位的。本例中使用了 right:58px;bottom:20px，就是定位在距离 link 层右边 58 px，底边 20 px 的位置。如果父层 link 没有设置 relative 而 p 标记设为 absolute 时，p 的定位就是相对于浏览器的，大家可以试着把 link 层的 position:relative 删掉试一下定位效果。

## 12.5 制作页面底部

对页面底部的效果图进行分析,区分页面中内容和样式的部分。底部的效果如图 12-13 所示。

图 12-13　页面底部的效果图

### 12.5.1 底部的分析

从图 12-13 中可以看出,底部主要分为两个部分,其中导航菜单部分可以用<ul>和<li>来实现。最下方的信息可以用<p>标记。

#footer 部分设置了背景图片并沿 X 方向重复。为了可以适应浏览器的宽度,即浏览器窗口不管多大,背景图片都可以左右铺满,所以#footer 未设置宽度。

底部 footer 的尺寸与布局如图 12-14 所示。

图 12-14　底部尺寸与布局

### 12.5.2 底部 HTML 编码

经过前面的分析,底部有<ul>和<p>两部分,其代码如下:

```
<div id="footer">
    <ul>
        <li><a href="#">首页</a></li>
        <li><a href="#">景区概况</a></li>
        <li><a href="#">景区动态</a></li>
        <li><a href="#">旅游服务</a></li>
        <li><a href="#">公共参与</a></li>
        <li><a href="#">信息公开</a></li>
        <li style="background:none"><a href="#">联系我们</a></li>
    </ul>
```

```
<p>电话：0518-62358888  传真：0518-88636666  客服电话：400-0809-560<br>
花果山（国家 AAAAA 级风景区） 版权所有 11036362 号</p>
</div>
```

浏览器中效果如图 12-15 所示（文字颜色是白色，与背景相同，正常是看不到的，本图是选择了页面内容看到的效果），由于未添加 CSS 样式，所有元素排成一列。

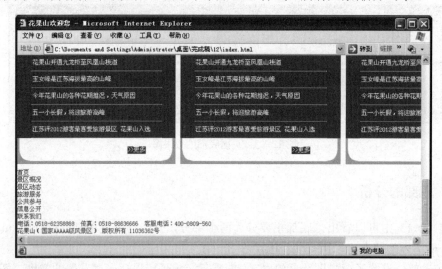

图 12-15  未设置样式的底部效果

### 12.5.3  CSS 代码的编写

制作完页面结构之后，就可以编写 CSS 部分了。

**1．#footer 的样式**

主要是定义高度和背景图片，并在底部设置了 3 px 的边框美化页面。

代码如下：

```
#footer{
height:123px;
background:url(../images/footer-bg.jpg) repeat-x;
border-bottom:#479D3E 3px solid;
}
```

**2．导航部分的样式**

#footer 的导航部分利用了前面学习的制作菜单的方法。本例中，#footer 和#banner 中的超链接样式相同，所以只在#banner 中进行了定义。

代码如下：

```
#footer ul{
height:50px;
width:882px;
margin:0 auto;
```

```
background:#479D3E;
padding-left:142px;
}
#footer ul li{
height:50px;
line-height:50px;
float:left;
background:url(../images/whiteline.jpg) no-repeat right center;
font-size:16px;
font-weight:bold;
padding:0 20px;
}
```

### 3. 版权部分的样式

版权部分主要是设置位置居中，并对文字的样式进行一些设置。为了让文本与顶部有一定距离，设置了上内边距是 13 px，而它总的高度只能是 123 px-50 px=73 px，再减去 13 px，所以其高度设置为 60 px。

代码如下：

```
#footer p{
text-align:center;
line-height:20px;
height:60px;
margin:0 auto;
padding-top:13px;
color:#003333;
}
```

本例的完整代码见"第 12 章\index.html"，本实例还应用了链接式样式表，CSS 样式文件为"第 12 章\css\style.css"，用到的图片素材全部在"第 12 章\images"文件夹中。

# 习题

1. 网页设计初期先制作原型图的目的是什么？
2. 本章综合实例中如何实现头部 HTML 编码中<H 1>标记内容的隐藏，目的是什么？
3. 思考并总结本章综合实例中背景图像的多种处理方法。

# 第 13 章　儿童用品网上商店

本章通过逐步讲解案例"儿童用品网上商店"来学习 DIV+CSS 网站布局的流程与制作方法。本案例页面布局采用的是典型的三行两列的形式,该布局在应用中很常见。通过本章的学习,重点要掌握制作页面的流程和样式的规划等知识。

## 13.1 案例效果图分析

首先还是要细致分析效果图,根据页面的特点及版式需要进行规划与切图,页面效果如图 13-1 所示。

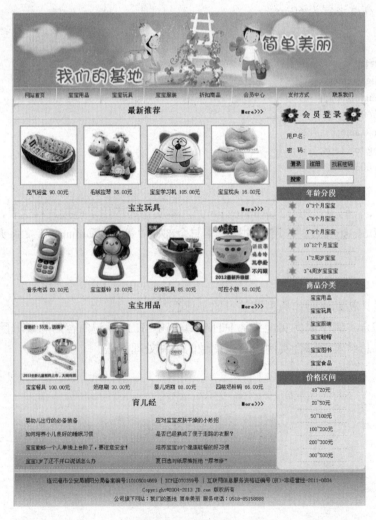

图 13-1　页面效果图

从图 13-1 中可以看出，此时页面在纵向，可以分为 3 个部分，头部（包括 banner 部分和导航 nav）、内容部分和底部。其中中间内容部分，又可以分为左右 2 个部分。

## 13.2 原型设计与布局规划

在网页设计之前，都应该先对页面进行构思，对网站的完整功能和内容作一个全面的分析，并利用线框描述的方法进行表达。原型线框图也是与客户交流沟通最合适的方式。在具体制作页面之前，我们就可以先设计如图 13-2 所示的网页线框图。

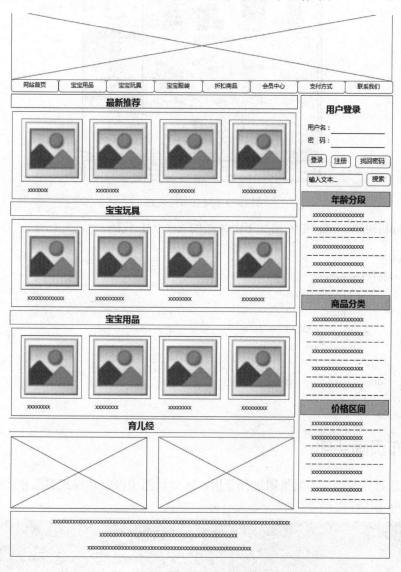

图 13-2 网页线框图

经过前面的分析，接下来进行布局规划，将上部的 LOGO 和导航菜单看成是头部元素，置入 header；将左侧内容区 container 和右侧 sidebar 置于 main 层；最底部的版权区域置于 footer 层中。依据此思路，形成如图 13-3 所示的页面主体元素布局规划。

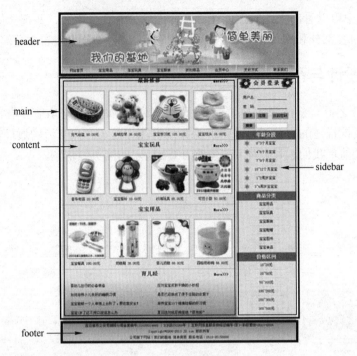

图 13-3　网页布局规划

根据此分析思路，可以编写出如下主体结构 XHTML 代码。

```
<body>
<div id="wrapper">
    <div id="header"></div>
    <div id="main">
        <div id="content"></div>
        <div id="sidebar"></div>
    </div>
    <div id="footer"></div>
</div>
</body>
```

## 13.3　制作页面头部

首先还是对页面头部的效果图进行分析，区分页面中内容和样式的部分。首页头部的效果如图 13-4 所示。

图 13-4　页面头部的效果图

## 13.3.1 头部的分析

从图 13-4 中可以看出，头部主要分为两个部分，其中导航菜单以上的 LOGO 部分可以用背景图片的方式实现。导航菜单部分用<ul>和<li>来实现，各部分的具体尺寸如图 13-5 所示。

图 13-5 头部尺寸与布局

为了各浏览器的兼容并优化代码，页面的基础样式代码如下：

```
*{
margin:0;
padding:0;
border:0;
list-style:none;
}
body{
background:#B4D9F1;
font-family:"宋体";
font-size:12px;
color:#094055;
}
```

设置整个页面居中，宽 800 px，#wrapper 层的定义如下：

```
#wrapper{
margin:0 auto;
width:800px;
}
```

对页面中的超链接样式做整体设置，各部分如果有自己特别的超链接样式，再单独设置。

```
a:link,a:visited{
  display:block;
  text-decoration: none;
  color:#094055;
}
```

```
a:hover{
display:block;
text-decoration:underline;
color:#094055;
}
```

注意：

本例仍采用链接式样式表，样式表文件放置于 style 文件夹中，图片放置于 images 文件夹中。

### 13.3.2 头部 HTML 编码

头部#header 的 HTML 代码如下：

```
<div id="header">
    <h1>我们的基地，简单美丽</h1>
    <ul>
        <li><a href="#">网站首页</a></li>
        <li><a href="#">宝宝用品</a></li>
        <li><a href="#">宝宝玩具</a></li>
        <li><a href="#">宝宝服装</a></li>
        <li><a href="#">折扣商品</a></li>
        <li><a href="#">会员中心</a></li>
        <li><a href="#">支付方式</a></li>
        <li ><a href="#">联系我们</a></li>
    </ul>
</div>
```

效果如图 13-6 所示。

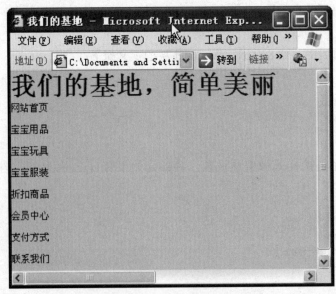

图 13-6 未设置样式的头部效果

说明：

其中<h1>标记定义了"我们的基地，简单美丽"一级标题是为了搜索引擎更好地搜索网页，在 CSS 中会把它设置成看不到的状态。

### 13.3.3 CSS 代码的编写

制作完页面结构之后，就可以编写 CSS 部分了。

**1. #header 部分**

```
#header{
height:202px;       /*定义高度*/
}
```

**2. LOGO 部分**

LOGO 部分只用了一个<h1>标记，需要为它设置背景，并把<h1>的内容隐藏起来。设置底部外边距为 2 px，使它与导航菜单中间有分隔开的间隙，代码如下：

```
#header h1{
background:url(../images/header-bg.jpg) no-repeat;
height:167px;
margin-bottom:2px;
text-indent:-999px;
/*文本缩进。使用负值，缩进到左边使用户不可见*/
}
```

其中，图像 header-bg.jpg 的尺寸是 800 px×167 px，如图 13-7 所示。

图 13-7　LOGO 图片

**3. 导航部分**

需要设置<ul>的高度，<li>的宽度是 100 px，共八个菜单项，所以正好是 800 px。使用浮动属性来控制导航元素的位置实现横向菜单，利用背景图片实现动态的效果。

代码如下：

```
#header ul{
height:33px;
}
#header ul li{
float:left;
line-height:33px;
height:33px;
width:100px;
background:url(../images/li-bg.jpg) no-repeat right center;
```

/*菜单项右边的白色间隔竖线，2px 宽度*/
text-align:center;
}

改变超链接的样式的代码如下：

#header a:link,#header a:visited{
display:block;
height:33px;
width:98px;
/*白色间隔竖线图片 2px 宽度，100px-2px=98px*/
background:url(../images/bottom-bg1.jpg);
text-decoration:none;
color:#094055;
}
#header a:hover{
display:block;
height:33px;
width:98px;
background:url(../images/bottom-bg2.jpg);
text-decoration:underline;
color:#FFFFFF;
}

效果如图 13-8 所示。

图 13-8　设置样式后的头部效果

## 13.4　制作页面内容层的图片部分

页面中间内容部分的图片展示是三行样式相同的图片，如图 13-9 所示，下面分别讲解制作过程。

### 13.4.1　图片部分的分析

从图 13-9 中可以看出，内容部分分为图片展示和信息列表，图片展示分三行，可以看到它们的样式与布局完全相同，可以使用同一个类别选择器来定义其样式。下部的列表左右是相同的，可以使用<ul>和<li>标记实现。图片部分的大小与边距设置如图 13-10 所示。

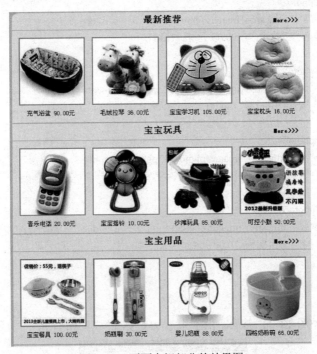

图 13-9  页面中间部分的效果图

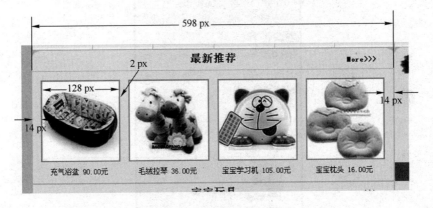

图 13-10  图片部分的尺寸

图片部分宽度的尺寸：(14 px+2 px+128 px+2 px)×4+14 px=598 px。

其中，2 px 是边框的尺寸，左右各 2 px，128 px 是图片的尺寸。

## 13.4.2  HTML 编码

经过前面的分析，内容部分 ID 命名为"content"，每一组四张图片定义在一个<div>中，命名为"column"。每个图片展示使用<dl>标记，统一使用类"photo"，其代码如下：

    <div id="content">

```
<h2 class="havebg">最新推荐<a href="#" class="more">More>>></a></h2>
<div class="column">
<dl   class="photo">
<dt><a href="#"><img src="images/photo-11.jpg" /></a></dt>
<dd><a href="#">充气浴盆  90.00 元</a></dd>
</dl>
<dl   class="photo">
<dt><a href="#"><img src="images/photo-12.jpg" /></a></dt>
<dd><a href="#">毛绒拉琴   36.00 元</a></dd>
</dl>
<dl   class="photo">
<dt><a href="#"><img src="images/photo-13.jpg" /></a></dt>
<dd><a href="#">宝宝学习机 105.00 元</a></dd>
</dl>
<dl   class="photo">
<dt><a href="#"><img src="images/photo-14.jpg" /></a></dt>
<dd><a href="#">宝宝枕头 16.00 元</a></dd>
</dl>
</div>
</div>
```

浏览器中效果如图 13-11 所示，由于未添加 CSS 样式，所有元素排成一列。

图 13-11  未设置样式的一组图片展示效果

### 13.4.3 CSS 代码的编写

制作完页面结构之后，就可以编写 CSS 部分了。

**1．content 部分**

根据图 13-9 中计算的尺寸，设置 content 部分的宽度，并设置左浮动，代码如下：

```
#content{
    width:598px;
    float:left;
}
```

**2．标题部分**

标题部分使用了<h2>标记，第一个标题是圆角的背景图，所以单独命名为"havebg"，并利用带圆角的图片"content-left-bg1.jpg"作为它的背景图片。利用<a>标记定义的"more>>>"，与第 12 章的定位方法相同，父层使用相对定位，子层使用绝对定位。

代码如下：

```
#content h2{
    width:598px;
    height:33px;
    text-align:center;
    line-height:33px;
    font-size:18px;
    margin-top:2px;
    position:relative;
}
.more{
    display:block;
    position:absolute;
    right:28px;
    top:1px;
    font-size:12px;
}
.havebg{
    background:url(../images/content-left-bg1.jpg) no-repeat;
}
```

在浏览器中的效果如图 13-12 所示。

**3．图片部分**

每行图片展示放置于一个<div>层，定义其宽度与#content 一致，都是 598 px。背景色设置成与标题背景图片相同的颜色。对<dl>标记定义上内边距和左内边距为 14 px，目的是让每个图片直接间隔 14 px，并设置左浮动与超链接属性。

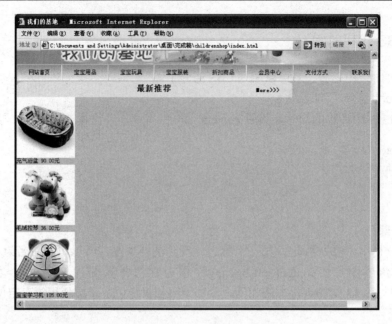

图 13-12　标题效果

代码如下：

```css
.column{
margin-top:1px;
width:598px;
background:#E1F2FB;
height:180px;
}
.photo{
width:132px;
padding:14px 0 0 14px;
float:left;
}
.photo dt{
height:128px;
width:128px;
}
.photo dt a{
height:128px;
width:128px;
}
.photo dt a:link, .photo dt a:visited{
border:#EDAC4A solid 2px;
}
.photo dt a:hover{
border:#0099FF solid 2px;
}
```

```css
.photo dd{
height:34px;
width:128px;
line-height:34px;
text-align:center;
}
.photo dd a {
height:34px;
width:128px;
line-height:34px;
text-align:center;
}
```

**注意：**

最后一张图片的右侧是 14 px，是放置好所有元素后剩余的，没有专门定义。设置 CSS 样式后的效果如图 13-13 所示。

图 13-13　页面效果

另外，两行的制作方法与第一行相同，只是标题部分不是圆角，所以可以直接使用背景图来定义。

代码如下：

```html
<h2 class="nobg">宝宝玩具<a href="#" class="more">More>>></a></h2>
<div class="column">
<dl   class="photo">
<dt><a href="#"><img src="images/photo-21.jpg" /></a></dt>
<dd><a href="#">音乐电话　20.00 元</a></dd>
</dl>
<dl   class="photo">
```

```html
<dt><a href="#"><img src="images/photo-22.jpg" /></a></dt>
<dd><a href="#">宝宝摇铃    10.00 元</a></dd>
</dl>
<dl  class="photo">
<dt><a href="#"><img src="images/photo-23.jpg" /></a></dt>
<dd><a href="#">沙滩玩具    85.00 元</a></dd>
</dl>
<dl  class="photo">
<dt><a href="#"><img src="images/photo-24.jpg" /></a></dt>
<dd><a href="#">可控小鼓    50.00 元</a></dd>
</dl>
</div>
<h2 class="nobg">宝宝用品<a href="#" class="more">More>>></a></h2>
<div class="column">
<dl  class="photo">
<dt><a href="#"><img src="images/photo-31.jpg" /></a></dt>
<dd><a href="#">宝宝餐具    100.00 元</a></dd>
</dl>
<dl  class="photo">
<dt><a href="#"><img src="images/photo-32.jpg" /></a></dt>
<dd><a href="#">奶瓶刷    30.00 元</a></dd>
</dl>
<dl  class="photo">
<dt><a href="#"><img src="images/photo-33.jpg" /></a></dt>
<dd><a href="#">婴儿奶瓶    88.00 元</a></dd>
</dl>
<dl  class="photo">
<dt><a href="#"><img src="images/photo-34.jpg" /></a></dt>
<dd><a href="#">四格奶粉碗    66.00 元</a></dd>
</dl>
</div>
```

CSS 代码部分只是标题部分<h2>标记由于不是圆角背景,可以直接用背景色来实现,所以单独命名为"nobg",代码如下:

```css
.nobg{
background:#E1F2FB;
}
```

## 13.5 制作页面内容层的列表部分

内容部分下部的列表部分分左右两个部分,可以利用两个<ul>标记和<li>标记结合左浮动来实现,效果图如图 13-14 所示,下面详细讲解制作过程。

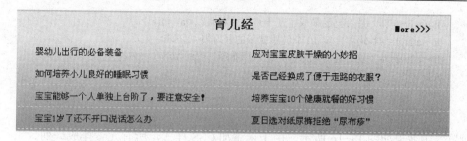

图 13-14　列表部分的效果图

### 13.5.1　列表部分的分析

从图 13-14 中可以看出，列表部分分左右两部分，它们的样式与布局完全相同，可以使用同一个类别选择器来定义其样式，尺寸设置如图 13-15 所示。

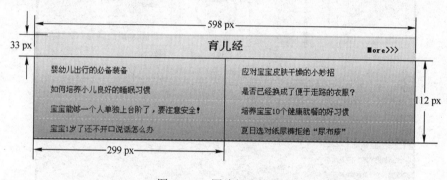

图 13-15　图片部分的尺寸

左右两个部分的大小一样，都是 299 px×112 px，而它们父层的尺寸是 598 px×112 px。

### 13.5.2　HTML 编码

列表部分 ID 命名为"link"，左右各定义在一个<div>中，分别命名为"left"和"right"。其代码如下：

```
<h2 class="nobg">育儿经<a href="#" class="more">More>>></a></h2>
<div id="link">
<div class="left">
<ul>
<li><a href="#">婴幼儿出行的必备装备</a></li>
<li><a href="#">如何培养小儿良好的睡眠习惯</a></li>
<li><a href="#">宝宝能够一个人单独上台阶了，要注意安全！</a></li>
<li><a href="#">宝宝 1 岁了还不开口说话怎么办</a></li>
</ul>
</div>
<div class="right">
<ul>
<li><a href="#">应对宝宝皮肤干燥的小妙招</a></li>
```

```
<li><a href="#">是否已经换成了便于走路的衣服？</a></li>
<li><a href="#">培养宝宝 10 个健康就餐的好习惯</a></li>
<li><a href="#">夏日选对纸尿裤拒绝"尿布疹"</a></li>
</ul>
</div>
</div>
```

浏览器中效果如图 13-16 所示，由于未添加 CSS 样式，所有元素排成一列。

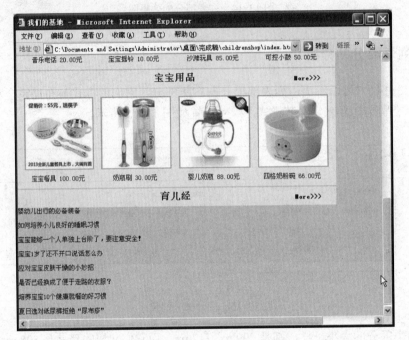

图 13-16  未设置样式的效果

## 13.5.3  CSS 代码的编写

#link 设置一张渐变的图片作为背景，对于<li>标记在底部设置了虚线边框，代码如下：

```
#link{
width:598px;
height:112px;
float:left;
background:url(../images/link-bg.jpg) repeat-x;
padding:8px 0;
}
.left{
float:left;
}
.right{
```

```
float:right;
}
#content ul{
width:299px;
height:112px;
}
#content ul li{
width:247px;
height:27px;
border-bottom:dashed 1px #D6EAF8;
line-height:27px;
padding:0 26px;
}
```

设置 CSS 样式后的效果如图 13-17 所示。

图 13-17 页面效果

## 13.6 制作 sidebar 部分

页面右侧 sidebar 部分可以分成四个部分,如图 13-18 所示,最上面的是表单,下面三个列表部分则都是由<ul>和<li>来实现的,下面分别讲解制作过程。

图 13-18　页面右侧 sidebar 部分的效果图

### 13.6.1　sidebar 部分的分析

整个页面的宽度定义为 800 px,左侧的 content 的宽度为 598 px,sidebar 部分利用右浮动紧靠右侧，宽度定义 200 px，content 和 sidebar 之间间隔 2 px。

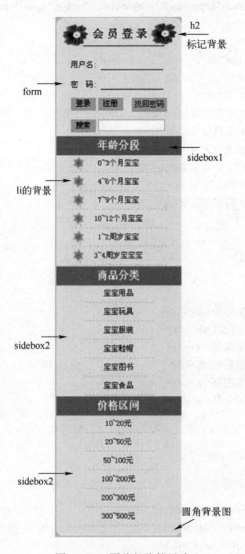

图 13-19  图片部分的尺寸

## 13.6.2  HTML 编码

代码如下：

```
<div id="sidebar">
<div class="login">
<h3></h3>
<form>
<p>用户名: <input class="textbox"type="text"></p>
<p>密 码: <input class="textbox" type="text" ></p>
<p><input class="buttom" type="button" value="登录"> <input class="buttom" type="button" value=
```

```html
"注册"> <a href="#">找回密码</a></p>
        <p><input class="serach" type="text" ><input class="buttom"type="button" value="搜索"></p>
        </form>
        </div>
        <div class="sidebox1">
        <h2>年龄分段</h2>
        <ul>
        <li><a href="#">0~3 个月宝宝</a></li>
        <li><a href="#">4~6 个月宝宝</a></li>
        <li><a href="#">7~9 个月宝宝</a></li>
        <li><a href="#">10~12 个月宝宝</a></li>
        <li><a href="#">1~2 周岁宝宝</a></li>
        <li><a href="#">3~4 周岁宝宝宝</a></li>
        </ul>
        </div>
        <div class="sidebox2">
        <h2>商品分类</h2>
        <ul>
        <li><a href="#">宝宝用品</a></li>
        <li><a href="#">宝宝玩具</a></li>
        <li><a href="#">宝宝服装</a></li>
        <li><a href="#">宝宝鞋帽</a></li>
        <li><a href="#">宝宝图书</a></li>
        <li><a href="#">宝宝食品</a></li>
        </ul>
        </div>
        <div class="sidebox2">
        <h2>价格区间</h2>
        <ul>
        <li><a href="#">10~20 元</a></li>
        <li><a href="#">20~50 元</a></li>
        <li><a href="#">50~100 元</a></li>
        <li><a href="#">100~200 元</a></li>
        <li><a href="#">200~300 元</a></li>
        <li><a href="#">300~500 元</a></li>
        </ul>
        <span   class="spanbg"></span>
        </div>
        </div>
```

由于未添加 CSS 样式，浏览器中效果如图 13-20 所示。

### 13.6.3　CSS 代码的编写

制作完页面结构之后，就可以编写 CSS 部分了。

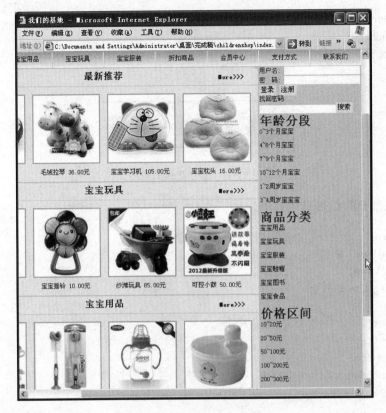

图 13-20　未设置样式的效果

**1．sidebar 的定义**

首先需要定义 sidebar 的宽度并向右浮动。

代码如下：

```
#sidebar{
float:right;
width:200px;
background:#E1F2FB;
}
```

**2．会员登录**

表单部分设置高度。

代码如下：

```
#sidebar form{
height:134px;
}
```

<h3>标记没有任何内容，就是为了定义背景图片，背景图 login-bg.jpg 如图 13-21 所示，代码如下：

```
.login h3{
```

```
background:url(../images/login-bg.jpg) no-repeat;
width:200px;
height:53px;
}
```

图 13-21　会员登录背景图

表单其他部分的 CSS 代码如下：

```
.login p{              /*表单中提示信息的样式*/
height:18px;
width:154px;
padding:12px 23px 0;
}
.textbox{              /*文本框的样式*/
border:0;
width:100px;
border-bottom:solid 1px #000066;
background:#E1F2FB;
}
.buttom{               /*按钮的样式*/
float:left;
background:#90C7EB;
height:20px;
width:40px;
line-height:20px;
font-size:12px;
margin-right:4px;
}
.login a{              /*按钮"找回密码"的样式*/
float:right;
background:#90C7EB;
width:48px;
height:12px;
padding:4px 4px;
}
.serach{               /*搜索的样式*/
float:right;
width:105px;
margin-right:3px;
border:#90C7EB 1px solid;
}
```

### 3. 列表部分的样式

列表的"年龄分段"部分（sidebox1）的列表效果与下面的两个列表（sidebox2）不同，如图 13-22 所示，sidebox1 列表部分需要对<li>设置背景图并放置于左侧，所以需要单独设置。而它们标题部分的<h2>样式相同，可以统一定义，其他的样式也都相同，可以统一定义。相同部分的 CSS 样式代码如下：

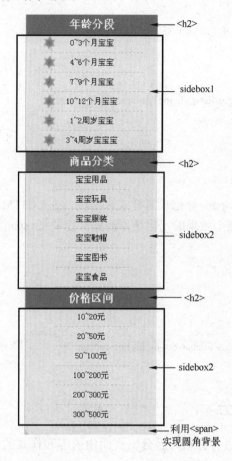

图 13-22 "年龄分段"部分的效果

```
#sidebar h2{
font-size:16px;
background:#3798D9;
height:30px;
width:200px;
line-height:30px;
color:#FFFFFF;
text-align:center;
}
#sidebar ul{
width:200px;
height:168px;
```

```
}
#sidebar ul li{
height:26px;
line-height:26px;
border-bottom:dashed 1px #B4D9F1;
text-align:center;
}
```

sidebox1 和 sidebox2 单独定义 CSS 样式代码如下：

```
.sidebox1 ul li{
width:154px;
margin:0 23px;
background:url(../images/list-style.jpg) no-repeat left center;
}
.sidebox2  ul li{
width:114px;
margin: 0 43px;
}
```

最下端的圆角可以对<span>标记设置样式来实现，在 XHTML 中定义了一个无内容的<span>标记就是为了设置这个效果的，但是要注意一定要把<span>标记设置为块元素，CSS 代码如下：

```
.spanbg{
display:block;
height:14px;
width:200px;
background:url(../images/sidebar-bot-bg.jpg) no-repeat;
}
```

## 13.7　制作 footer 部分

对页面底部的效果图进行分析，区分出页面中内容和样式的部分。页面底部的效果如图 13-23 所示。

图 13-23　页面底部的效果图

### 13.7.1　底部 footer 的分析

从图 13-23 中可以看出，底部主要是文本，共三行信息，可以用<p>标记来实现。

#footer 部分设置了背景图片并沿 X 方向重复。

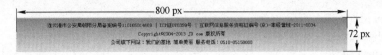

图 13-24　footer 的尺寸

### 13.7.2　底部 HTML 编码

经过前面的分析，底部由三个<p>标记实现。

代码如下：

```
<div id="footer">
<p>连云港市公安局朝阳分局备案编号 110105014669 | ICP 证 070359 号 | 互联网信息服务资格证编号(京)-非经营性-2011-0034</p>
<p>Copyright©2004-2013　JD.com　版权所有</p>
<p>公司旗下网站：我们的基地　简单美丽　服务电话：0518-85158888</p>
</div>
```

浏览器中的效果如图 13-25 所示。

图 13-25　未设置样式的底部效果

### 13.7.3　CSS 代码的编写

完成了 XHTML 的编码后，就可以编写 CSS 部分了。从图 13-25 看到，有一部分文字"连云港市公安局朝阳分局备案编号"跑到了右侧 sidebar 的下面，通过前面的学习，我们知道需要利用清除浮动来使它显示在正常的位置。其他的一些设置是包括位置居中、文字样式、背景图片等，并在 footer 的顶部设置了 1 px 的实线边框。

代码如下：

```
#footer{
clear:both;
height:72px;
width:800px;
background:url(../images/footer-bg.jpg) repeat-x;
padding-top:8px;
```

```
    border-top:#E1F2FB 1px solid;
}
#footer p{
text-align:center;
line-height:20px;
}
```

本例的完整代码见"第 13 章\index.html",本实例还应用了链接式样式表,CSS 样式文件为"第 13 章\css\style.css",用到的图片素材全部在"第 13 章\images"文件夹中。

## 习题

1. 思考本章综合例题中,center 部分的布局方法和好处。
2. 思考并学习本章综合例题中行内样式的灵活应用。

# 第 14 章 我 的 博 客

博客是目前较流行的网络日志形式，本章以一个博客首页为例通过逐步讲解来学习页面的制作流程和样式的规划等知识。

## 14.1 案例效果图分析

首先还是要细致分析效果图，根据页面的特点及版式需要进行规划与切图，页面效果如图 14-1 所示。

图 14-1 页面效果图

从图 14-1 中可以看出，此时页面在纵向，可以分为 3 个部分，头部（包括 header 部分和 banner）、内容部分和底部。其中中间内容部分，又可以分为左右 2 个部分，页面框架如图 14-2 所示。

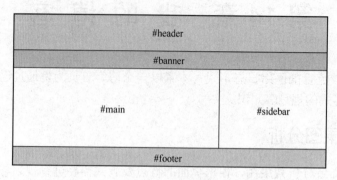

图 14-2　页面构架

页面主体元素布局规划如图 14-3 所示。

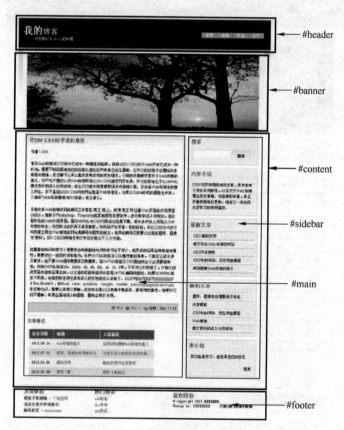

图 14-3　网页布局规划

根据此分析思路，可以编写出如下主体结构 HTML 代码。

```
<body>
<div id="wrapper">
```

```
        <div id="header"></div>
        <div id="banner"></div>
        <div id="content">
            <div id="main"></div>
            <div id="sidebar"></div>
        </div>
        <div id="footer"></div>
    </div>
</body>
```

## 14.2 制作页面头部

首先对页面头部的效果图进行分析，区分页面中内容和样式的部分。首页头部的效果如图 14-4 所示。

图 14-4　页面头部的效果图

### 14.2.1 头部的分析

从图 14-4 中可以看出，头部主要分为两个部分，上部的导航可以用<ul>和<li>来实现，下部可以插入图片实现。各部分的具体尺寸如图 14-5 所示。

图 14-5　头部尺寸与布局

为了各浏览器的兼容并优化代码，进行全局设置。
代码如下：

```
*{
margin:0;
padding:0;
border:none;
list-style:none;
font-size:12px;
text-align:left;
}
```

对整个页面设置背景。
代码如下：

```
body{
background:url(../images/bg.jpg) repeat-x #FFFFFF;
font:"宋体";
}
```

设置页面背景后的效果如图 14-6 所示。

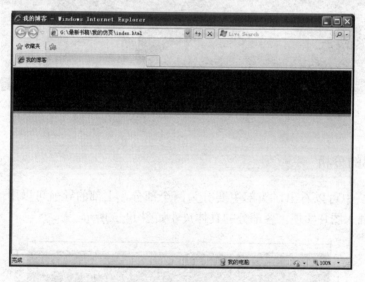

图 14-6　页面背景

其中背景图 bg.jpg 使用了渐变色，上部的黑色部分加黄色线条的高度为 99 px，与 #header 的高度相同。

为达到优化代码的目的，对页面中使用到的各标记做整体设置，各部分如果有自己特别的样式，可以在需要时单独设置。
代码如下：

```
a {
color: #C95B07;
```

```
text-decoration:none;
}
a:hover {
color:#006699;
text-decoration:underline;
}
h2,h3{
font-family:Arial
;font-size: 14px;
color:#C95B07;
padding:10px;
}
h1{
color:#C95B07;
font-size:16px;
font-family:Arial;
}
```

**注意：**

本例仍采用链接式样式表，样式表文件放置于 style 文件夹中，命名为 style.css，图片放置于 images 文件夹中。

### 14.2.2 头部#header 的 HTML 编码

头部#header 的 HTML 代码如下：

```
<div id="header">
    <h1><a href="#">我的<span class="gray">博客</span></a></h1>
    <p>欢迎探讨 div+css 的问题  </p>
    <ul>
        <li ><a href="#">首页</a></li>
        <li ><a href="#">布局</a></li>
        <li><a href="#">样式</a></li>

        <li><a href="#">关于</a></li>
    </ul>
</div>
```

效果如图 14-7 所示。

**注意：**

其中<h1>标记"我的博客"中"博客"颜色为灰色，为了能单独定义样式，所以定义了类名"gray"。

### 14.2.3 #header 的 CSS 代码

制作完页面结构之后，接下来编写 CSS 代码。

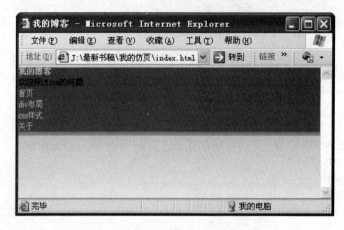

图 14-7　未设置样式的头部效果

首先设置#header 的尺寸与颜色等常规参数。代码如下：

```
#header{
width:790px;
height:99px;
color:#FFFFFF;
margin:0 auto;
position:relative;
}
```

**注意：**

位置使用了相对定位（position:relative）是为了它的子元素<p>和<ul>的绝对定位，与第 12 章中"更多"的定位方法相同。

<h1>标记的样式设置如下：

```
#header h1{
padding-top:20px;
}
#header h1 a{
color:#FFFFFF;
font-size:32px;
}
#header h1 span{
font-size:24px;
}
#header .gray{        /*设置博客两个字为灰色*/
color:#CCCCCC;
}
```

<p>标记的样式设置主要是定位，代码如下：

```
#header p{
```

```
    position:absolute;        /*相对于父元素绝对定位*/
    left:40px;                /*距左 40px*/
    }
```

<ul>标记的样式设置代码如下：

```
#header ul{
position:absolute;        /*相对于父元素绝对定位*/
right:0;
top:40px;
}
#header li{
float:left;
font-size:14px;
font-weight:bold;
}
#header li a{
padding:3px 12px;
color:#FFFFFF;
text-decoration:none;
border-right:1px solid   #272727;
zoom:1;                   /*为了兼容 IE 浏览器*/
background:#FF9900;
}
#header li a:hover{
background:#EA6802;
padding:3px 12px;
color:#FFFFFF;
zoom:1;                   /*为了兼容 IE 浏览器*/
}
```

**注意：**

其中 zoom:1 的作用是为了兼容 IE 浏览器，解决 IE 下的浮动，margin 重叠等一些问题。

### 14.2.4　头部#banner 的 HTML 编码

头部#banner 的 HTML 代码如下：

```
<div id="banner">
<img src="images/banner-bg.jpg" />
</div>
```

由于未设置样式，图片位置不对，其效果如图 14-8 所示。

图 14-8　未设置样式的效果

## 14.2.5　#banner 的 CSS 代码

#banner 的 CSS 代码比较简单，主要是设置居中和内边距。
代码如下：

```
#banner{
width:790px;
height:270px;
background:#FFFFFF;
margin:0 auto;    /*上下外边距为 0，左右居中*/
}
#banner img{
padding:15px ;
}
```

## 14.3　制作页面中间部分

页面中间分为左右两个部分，如图 14-9 所示，下面分别讲解制作过程。

### 14.3.1　左部#main 部分的分析

从图 14-9 中可以看出，内容部分分为左右两个部分，左侧的#main 部分分为上下两个部分，上部主要是文本，可以利用<p>标记，下部是一个表格。具体设置如图 14-10 所示。

### 14.3.2　HTML 编码

经过前面的分析，代码如下：

# 第 14 章 我的博客

图 14-9　页面中间部分的效果图

图 14-10　#main 的结构

```html
<div id="main">
    <div class="post">
        <h1 class="bottomborder">给 DIV CSS 初学者的建议</h1>
        <p>作者：XXX</p>
        <p> 普及 Web 标准与 CSS 技术已成为一种潮流与趋势，目前以 DIV CSS 进行 Web 开发已成为一种时尚。需要不断提高自己的技能以适应这种变革已迫在眉睫。在学习的过程中会面临许多疑惑与困难，应该静下心来认真思考这样的开发模式，仔细去理解变革对于 Web 发展的意义，切不可片面地认为 Web 标准即是以 DIV CSS 进行网页布局。学习的目标在于以 XHTML 建立良好的语义化的结构，结合 CSS 最大程度使表现与内容相分离。这也是 Web 标准化的意义所在。并不是说以 DIV CSS 构架网站就是 Web 标准化，如果以 Table 时代的思路去开发，只是将 Table 标签替换为 DIV 标签，毫无意义。</p>
        <p>目前许多 Web 前端代码的编写工作落在"美工"肩上。所谓"美工"即注重 Web 页面的外观界面 UI 设计，借助于 Photoshop、Fireworks 或其他图形处理软件，进行美学设计与规划，画出图形化的 Web 外观界面。面对 XHTML 与 CSS 代码往往愁眉不展。有许多开发人员刚从大中专院校毕业，对图形化的东西不是很敏感，对代码开发有着一定的经验。而以 CSS 技术进行构架建立符合 Web 标准的网站是编码与图形的结合，优秀的编码还需要以合适的图形、图像为"原料"。DIV CSS 初学者在学习中应注意以下几个方面。</p>
        <p>注重基础知识的学习：想要学出成绩基础知识的学习必不可少，能灵活运用各种标签与属性，需要付出一定的时间和精力。各种 XHTML 标签及 CSS 属性看似简单，不像其他语言涉及算法，也不像 Web 程序需要涉及数据库。但 XHTML 标签及 CSS 属性的含义必须要很熟悉。例如 XHTML 标签 div、span、dl、dt、dd、ul、ol、li 等，只有对它们熟悉了，才能在组织页面内容时运用自如，以合适的标签来组织内容是 XHTML 编码的基础，如果对 XHTML 标签不熟悉，合适的标签建立具有语义的文档就无从谈起了。CSS 中的浮动、定位和盒模型（Box Model），如 float、clear、position、margin、border、padding 属性及各种缩写形式等知识，需要认真学习理解，这些知识是 CSS 布局中最基本、最常用的属性，如果对它们不理解，布局会面临很大的困难、重构会举步维艰。</p>
        <p class="mainfooter">
            <a href="#" class="readmore">更多</a>
            <a href="#" class="comment">评论(7)</a>
            <span class="date">日期：Nov 11.26</span>
        </p>
    </div>
    <h2>文章排名</h2>
    <table>
        <tr>
            <th>发表日期</th>
            <th>标题</th>
            <th>大意描述</th>
        </tr>
        <tr class="row-a">
            <td class="first">2012.05.31</td>
            <td><a href="#">Web 标准的意义</a></td>
            <td><a href="#">应该深刻理解 Web 标准的意义</a></td>
        </tr>
        <tr class="row-b">
            <td class="first">2012.07.21</td>
            <td><a href="#">图形、图像的处理要优化</a></td>
            <td><a href="#">力求以较小的图片实现效果</a></td>
        </tr>
        <tr class="row-a">
            <td class="first">2013.04.01</td>
            <td><a href="#">酷站欣赏</a></td>
```

```
            <td><a href="#">酷站欣赏网址及赏析</a></td>
        </tr>
        <tr class="row-b">
            <td class="first">2013.05.08</td>
            <td><a href="#">模板下载</a></td>
            <td><a href="#">模板下载地址</a></td>
        </tr>
    </table>
</div>
```

浏览器中效果如图 14-11 所示,由于未添加 CSS 样式,效果不符合要求,其中有的元素有颜色是由于前面在全局设置中一些标记的样式起了作用。

图 14-11　#main 未设置样式的效果

### 14.3.3　#main 的 CSS 代码的编写

制作完页面结构之后,就可以编写 CSS 部分了。

**1. #main 部分**

设置#main 部分的尺寸,并设置左浮动。
代码如下:

```
#main{
width:515px;
height:800px;
margin-right:15px;
float:left;
}
```

```
#main p{
font-family:Arial, Helvetica, sans-serif;
padding:5px;
margin:10px;
line-height:18px;
}
```

注意：

为了与右侧的#sidebar 有间隔，设置右外边距 15px。

## 2．.post 部分

设置.post 部分的宽度和边框，并设置图片作为背景。

代码如下：

```
.post{
width:513px;
border:1px solid #CCCCCC;
background:url(../images/gradientbg.jpg) repeat-x top;
}
```

这时在浏览器中预览的效果如图 14-12 所示，已经可以看到#main 浮动到左边，并且有了边框和背景。

图 14-12　#main 设置部分样式的效果

标题"给 DIV CSS 初学者的建议"使用<h1>标记，为了与顶部有一定距离，设置了内边距。

代码如下：

```css
#main h1{
padding-top:10px; /*上内边距 10px*/
}
```

标题下方的线条效果如图 14-13 所示。

**给DIV CSS初学者的建议**

图 14-13　分隔线效果

可以利用 border 设置其效果，代码如下：

```css
.bottomborder{
border-bottom:1px solid #CCCCCC;
margin-left:10px; /*左边留 10px 距离*/
}
```

.post 底部.mainfooter 的效果如图 14-14 所示。

更多　评论(7)　日期：Nov 11.26

图 14-14　.mainfooter 的效果

其 CSS 样式主要包括背景、边框、内容右对齐等。

代码如下：

```css
.mainfooter {
background:#DBDBDB;
border:1px solid #999999;
text-align:right;         /*右对齐*/
margin:10px 12px;         /*设置外边距*/
}
.readmore {
padding-left:18px;        /*内边距 18px，让出背景图片的位置*/
background:url(../images/1.gif) no-repeat;   /*设置背景图片*/
}
.comment{
padding-left:18px;
background:url(../images/2.gif) no-repeat;
}
.date{
padding-left:18px;
```

```
background:url(../images/3.gif) no-repeat;
}
```

### 3．表格部分

表格部分的效果如图 14-15 所示。其样式主要包括表头<th>设置不同的背景色，表格隔行改变颜色。

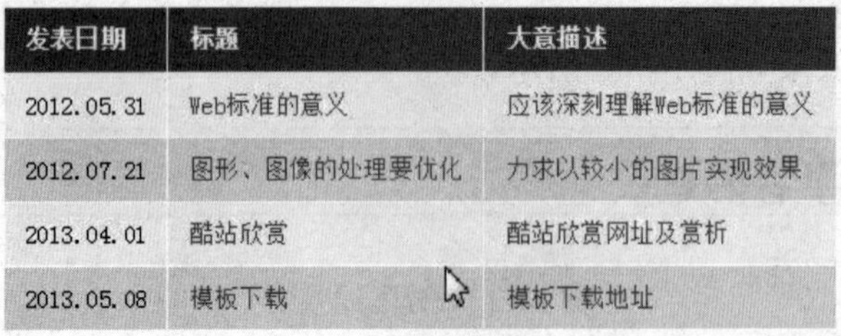

| 发表日期 | 标题 | 大意描述 |
|---|---|---|
| 2012.05.31 | Web标准的意义 | 应该深刻理解Web标准的意义 |
| 2012.07.21 | 图形、图像的处理要优化 | 力求以较小的图片实现效果 |
| 2013.04.01 | 酷站欣赏 | 酷站欣赏网址及赏析 |
| 2013.05.08 | 模板下载 | 模板下载地址 |

图 14-15　表格效果

代码如下：

```
table{
border-collapse:collapse;            /*边框合并为一个单一的边框*/
margin:10px 15px;
}
tr{
height:30px;
}
th{
background: #C95B07;
padding:0 10px;
border-left:1px solid #FFFFFF;       /*设置白色分隔线*/
color:#FFFFFF;
}
td{
border:1px solid #FFFFFF;            /*设置白色边框线*/
padding:0 10px;
}
.row-a td{
background-color:#F7F7F7;            /*设置隔行变色*/
}
.row-b td{
background-color:#E4E4E4;            /*设置隔行变色*/
}
```

## 14.3.4　右侧#sidebar 部分的分析

右侧的#sidebar 分为五块，宽度、背景色与边框都是相同的样式，如图 14-16 所示。

图 14-16 #sidebar 效果

而这五个部分根据内容确定使用的标记,主要有表单、<p>和<ul>等标记。

### 14.3.5 HTML 编码

经过前面的分析,其 HTML 代码如下:

```
<div id="sidebar">
    <div class="sidebox">
        <h1>搜索</h1>
```

```html
<form action="#" class="searchform">
    <p>
        <input name="search-query" class="textbox" type="text" />
        <input name="search" class="buttom" value="搜索" type="buttom" />
    </p>
</form>
            </div>
            <div class="sidebox">
                <h1>内容介绍</h1>
                <p>CSS 网页布局的相关文章，其中发布了很多实例教程，以及关于 Web 标准理念的文章等。内容精彩丰富，并且尽量做到每日更新，相信它一定会成为您学习的良师益友。</p>
            </div>
            <div class="sidebox">
                <h1>最新文章</h1>
                <ul>
                    <li class="top"><a href="#" >CSS 酷站欣赏</a></li>
                    <li><a href="#">建立符合 Web 标准的网站</a></li>
                    <li><a href="#">CSS 共享模板</a></li>
                    <li><a href="#">CSS 中的浮动、定位和盒模型</a></li>
                    <li><a href="#">深刻理解 Web 标准的意义</a></li>
                </ul>
            </div>
            <div class="sidebox">
                <h1>随机文章</h1>
                <ul>
                    <li class="top"><a href="#" >图形、图像的处理要进行优化</a></li>
                    <li><a href="#">共享模板</a></li>
                    <li><a href="#">CSS 中的浮动、定位和盒模型</a></li>
                    <li><a href="#">Web 标准</a></li>
                    <li><a href="#">建立良好的语义化的结构</a></li>
                </ul>
            </div>
            <div class="sidebox">
                <h1>座右铭</h1>
                <p>我们愈是学习，愈觉得自己的贫乏.</p>
                <p class="align-right">- 雪莱</p>
            </div>
        </div>
```

由于未添加 CSS 样式，浏览器中效果如图 14-17 所示。

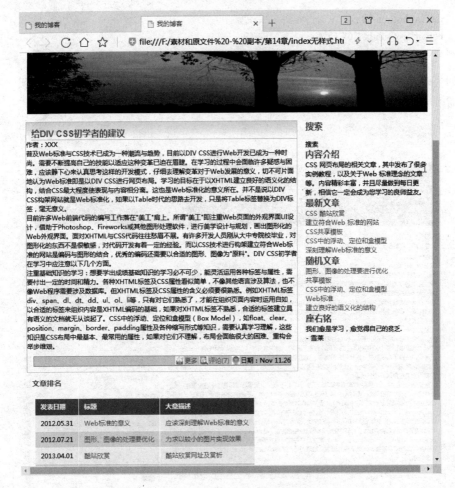

图 14-17 #sidebar 未设置样式的效果

## 14.3.6 #sidebar 的 CSS 代码的编写

制作完页面结构之后，就可以编写 CSS 部分了。
首先设置#sidebar 的尺寸，并设置右浮动。
代码如下：

```
#sidebar{
width:230px;
float:right;
}
```

对五个块设置样式，包括背景与边框。
代码如下：

```
.sidebox{
background:#F5F5F5;
```

```
margin-bottom:10px;
border:1px solid #CCCCCC;
}
```

这时在浏览器中预览的效果如图 14-18 所示,可以看到已经有了相应的效果,接下来就需要对其中的内容做具体的设置。

图 14-18 #sidebar 设置部分样式的效果

首先完成<h1>和<p>标记的样式设置。

代码如下:

```
#sidebar h1{
padding:10px 10px 0 10px;
}
#sidebar p {
font-family:Arial, Helvetica, sans-serif;
padding:5px;
margin:10px;
line-height:18px;
```

表单部分的代码如下：

```css
.searchform p{
  height:30px;
}
.searchform {
height:50px;
}
.textbox{
height:20px;
width:110px;
float:left;    /*左浮动，与按钮在一行显示*/
padding:3px 5px;
vertical-align: top;
border:1px solid #DADADA;
}
.buttom{
height:20px;
width:45px;
padding-top:6px;
float:left;    /*左浮动*/
margin-left:5px;
font:bold 12px Arial;
color:#333;
text-align:center;
border:1px solid #DADADA;
background:url(../images/gradientbg.jpg) repeat-x;
/*设置按钮背景图片*/
}
```

设置好 CSS 样式后表单的效果如图 14-19 所示。

图 14-19  #sidebar 中表单的效果

接下来对#sidebar 中的列表部分设置样式。
代码如下：

```css
#sidebar ul{
padding:10px
}
#sidebar li{
```

```css
padding:5px 0;
border-bottom:1px dashed #C95B07;
}
#sidebar ul li a{
color:#000000;
padding:5px 10px;
font-family:Arial, Helvetica, sans-serif;
}
#sidebar ul li a:hover{
color:#C95B07;
border-left:5px solid #C95B07;
}
#sidebar ul li.top{
border-top:1px dashed #C95B07;
}
```

**注意：**

其中#sidebar ul li.top 是为了专门给第一个<li>的顶部添加边框，如图 14-20 所示。

图 14-20  #sidebar 中的列表效果

最后一个"座右铭"中的作者需要右对齐，所以给它命名为.align-right，在 CSS 中设置样式为右对齐。

代码如下：

```css
.align-right{
text-align:right;
}
```

设置后的"座右铭"效果如图 14-21 所示。

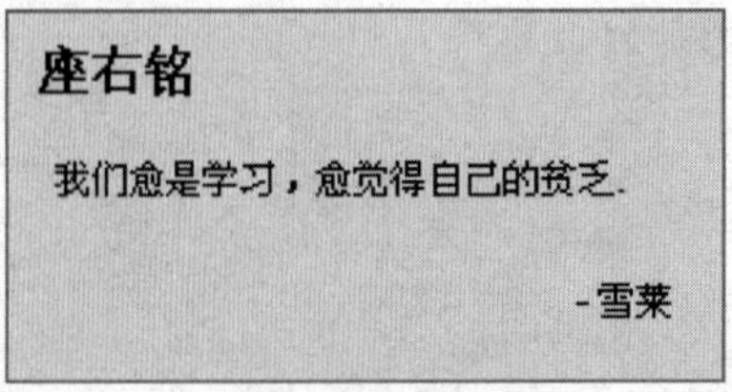

图 14-21 "座右铭"中作者右对齐效果

## 14.4 制作 footer 部分

对页面底部的效果图进行分析，区分出页面中内容和样式的部分。页面底部的效果如图 14-22 所示。

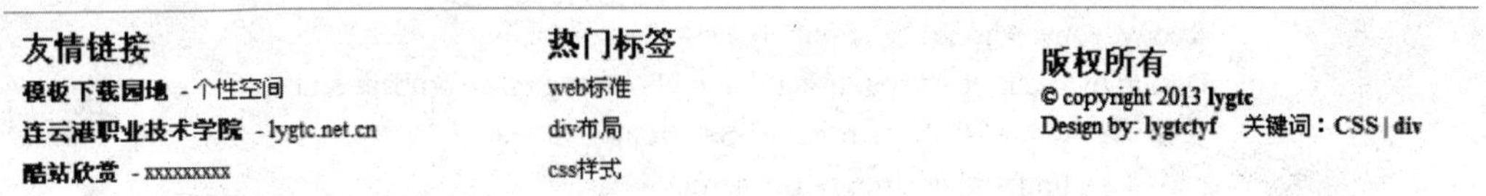

图 14-22 页面底部的效果图

### 14.4.1 底部 footer 的分析

从图 14-23 中可以看出，底部分为三块信息，前两个都是列表，可以用<ul>标记，最后一个可以用<p>标记来实现。

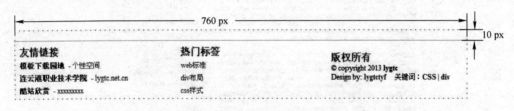

图 14-23 #footer 的尺寸

#footer 的宽度设置为 760 px，与上面的#content 间隔 10 px，其中"友情链接"与"热门标签"利用左浮动同行显示，"版权所有"右浮动放于右侧。

### 14.4.2 底部 HTML 编码

经过前面的分析，其代码如下：

```
<div id="footer">
    <div class="left">
        <h1>友情链接</h1>
        <ul>
          <li><a href="#"><strong>模板下载园地</strong> - 个性空间</a></li>
          <li><a href="#"><strong>连云港职业技术学院</strong> - lygtc.net.cn</a></li>
          <li><a href="#"><strong>酷站欣赏</strong> - xxxxxxxxx</a></li>
        </ul>
    </div>
    <div class="left">
        <h1>热门标签</h1>
        <ul>
            <li><a href="#">web 标准</a></li>
            <li><a href="#">div 布局</a></li>
```

```html
                    <li><a href="#">css 样式</a></li>
                </ul>
        </div>
        <div class="right">
        <h1>版权所有</h1>
            <p>
                &copy; copyright 2013 <strong>lygtc</strong><br />
                Design by: <a href="#"><strong>lygtctyf</strong></a>    
                关键词：<a href="#"><strong>CSS</strong></a> |
                    <a href="#"><strong>div</strong></a>
            </p>
        </div>
    </div>
```

浏览器中效果如图 14-24 所示。

图 14-24　未设置样式的底部效果

### 14.4.3　CSS 代码的编写

完成了 HTML 的编码后，就可以编写 CSS 部分了。通过前面的学习，我们知道需要利用清除浮动来防止#footer 出错。其他的一些设置是包括位置、文字与超链接样式，并在 footer 的顶部设置了 1 px 的实线边框。

代码如下：

```css
#footer{
clear:left;
width:760px;
margin: 0 auto;
margin-top:15px;
border-top:1px solid #CCCCCC;
padding:10px;
}
#footer a{
color:#666666;
}
#footer a:hover{
color:#000000;
}
#footer li{
padding-top:5px;
}
.left{
float:left;
margin-right:90px;
}
.right{
float:right;
margin:10px;
}
```

本例的完整代码见"第 14 章\index.html",本实例还应用了链接式样式表,CSS 样式文件为"第 14 章\css\style.css",用到的图片素材全部在"第 14 章\images"文件夹中。

## 习题

1．思考本章综合实例中使用 CSS 制作的超链接动态效果的方法,并能灵活应用。

2．总结常见网页的布局方式,试着自己设计布局一个网页,练习结构化、规范化地制作网页。

# 参 考 文 献

[1] 曾顺. 精通 CSS+DIV 网页样式与布局. 北京：人民邮电出版社，2007.
[2] 金峰. 变幻之美：DIV+CSS 网页布局揭秘. 北京：人民邮电出版社，2009.
[3] 袁润非. DIV+CSS 网站布局案例精粹. 北京：清华大学出版社，2011.
[4] 施迎. CSS 完全自学手册. 北京：机械工业出版社，2009.
[5] 李刚. 即用即查：HTML+CSS 标签参考手册. 北京：人民邮电出版社，2007.
[6] 陈益材，何楚斌. 网页 DIV+CSS 布局和动画美化全程实例. 北京：清华大学大学出版社，2012.
[7] 王津涛. 网页设计与开发：HTML、CSS、JavaScript. 北京：清华大学大学出版社，2012.